筑·匠 编

# 看施工图学预算之装饰装修工程

化学工业出版社

·北京·

本书根据《建筑工程工程量计价规范》（GB 50500—2013）以及全国统一定额编写而成，主要介绍了工程造价和图纸识读的基本知识、各分项工程清单工程量计算和定额计算的方法、工程量计算规则、各种计价表、工程签证、现场各种预算经验指导等内容。

本书首先用精干的语言对"工程造价"基础知识（识图基础知识、造价基础知识）进行讲解，然后对实际工程造价案例进行讲解。每张施工图的造价形式为：左侧为图纸识读及要点、右侧对应左侧图纸节点工程量的计算解析及套价，最后给出整个案例的计算汇总表。

本书内容简明实用、图文并茂，适用性和实际操作性较强，可作为建筑工程预算人员和管理人员的参考用书，也可作为安装工程相关专业大中专院校师生的参考教材。

**图书在版编目（CIP）数据**

看施工图学预算之装饰装修工程/筑·匠编. —北京：
化学工业出版社，2017.9（2022.1重印）
ISBN 978-7-122-30155-0

Ⅰ.①看…　Ⅱ.①筑…　Ⅲ.①建筑装饰-工程装修-
建筑预算定额　Ⅳ.①TU723.3

中国版本图书馆 CIP 数据核字（2017）第 164188 号

---

责任编辑：彭明兰　　　　　　　　　　　　　　文字编辑：汲永臻
责任校对：王素芹　　　　　　　　　　　　　　装帧设计：张　辉

---

出版发行：化学工业出版社（北京市东城区青年湖南街 13 号　邮政编码 100011）
印　　刷：北京京华铭诚工贸有限公司
装　　订：三河市振勇印装有限公司
787mm×1092mm　1/8　印张 12½　字数 345 千字　2022 年 1 月北京第 1 版第 5 次印刷

---

购书咨询：010-64518888　　　　　　　　　　　　售后服务：010-64518899
网　　址：http://www.cip.com.cn
凡购买本书，如有缺损质量问题，本社销售中心负责调换。

---

定　　价：49.00元

# 第一章 建筑装饰施工图识读基础知识

## 第一节 平面图、立面图识读基础知识

### 一、平面图的识读步骤及要点

#### 1. 平面图的识读步骤

①了解平面图的图名、比例及文字说明；②了解建筑的朝向、纵横定位轴线及编号；③了解建筑的结构形式；④了解建筑的平面布置、作用及交通联系；⑤了解建筑平面图上的形状和尺寸；⑥了解建筑中各组成部分的标高情况；⑦了解房屋的开间、进深、细部尺寸；⑧了解门窗的位置、编号、数量及型号；⑨了解建筑剖面图的剖切位置、索引标志；⑩了解各专业设备的布置情况。

#### 2. 平面图的识读要点

① 表示墙、柱、墩、内外门窗位置及编号，房间的名称或编号，轴线编号。

② 标注出室内外的有关尺寸及室内楼面、地面的标高（首层地面为±0.000）。

③ 表示电梯、楼梯位置及楼梯上下方向及主要尺寸。

④ 表示阳台、雨篷、踏步、斜坡、通气竖井、管线竖井、烟囱、消防梯、雨水管、散水、排水沟、花池等位置及尺寸。

⑤ 画出剖面图的剖切符号及编号（一般只标注在首层平面图上）。

⑥ 平面图一般包括的内容有：女儿墙、檐沟、屋面坡度、分水线与落水口、变形缝、楼梯间、水箱间、天窗、上人孔、消防梯及其他构筑物、索引符号等。

### 二、立面图的识读步骤及要点

#### 1. 立面图的识读步骤

①了解图名、比例；②了解建筑的外貌；③了解建筑的竖向标高；④了解立面图与平面图的对应关系；⑤了解建筑物的外装修；⑥了解立面图上详图索引符号的位置与其作用。

#### 2. 立面图的识读要点

① 标出室外地面线及房屋的勒脚、台阶、花台、门、窗、雨篷、阳台，室外楼梯、墙、柱，外墙的预留孔洞、檐口、屋顶（女儿墙或隔热层）、雨水管、墙面分格线或装饰构件等。

② 标出外墙各主要部位的标高，如室外地面、台阶、窗台、门窗顶、阳台、雨篷、檐口、屋顶处完成面的标高。一般立面图上可不标注高度方向尺寸，但对于外墙留洞的情况，除标注标高外，还应注出其大小尺寸及定位尺寸。

③ 标出各部分构造、装饰节点详图的索引符号。用图例、文字或列表说明外墙面的装修材料及做法。

## 第二节 剖面图、详图识读基础知识

### 一、剖面图的识读步骤及要点

#### 1. 剖面图的识读步骤

①了解图名、比例；②了解剖面图与平面图的对应关系；③了解被剖切到的墙体、楼板、楼梯和屋顶；④了解屋面、楼面、地面的构造层次及做法；⑤了解屋面的排水方式；⑥了解可见的部分；⑦了解剖面图上的尺寸标注；⑧了解详图索引符号的位置和编号。

#### 2. 剖面图的识读要点

① 图名、比例 剖面图的图名、比例应与平面图、立面图一致，一般采用1：50、1：100、1：200，视房屋的复杂程度而定。

② 定位轴线及其尺寸 应注出被剖切到的各承重墙的定位轴线的轴线编号和尺寸，应与底层平面图中标明的剖切位置编号、轴线编号一一对应。

③ 剖切到的构配件及构造 例如剖切到的屋面（包括隔热层及吊顶）、楼面、室内外地面（包括台阶、明沟及散水等），剖切到的内外墙身及其门、窗（包括过梁、圈梁、防潮层、女儿墙及压顶），剖切到的各种承重梁和连系梁、楼梯梯段及楼梯平台、雨篷及雨篷梁、阳台、走廊等的位置和形状、尺寸；除了有地下室的以外，一般不画出地面以下的基础。

④ 未剖切到的可见构配件 例如可见的楼梯梯段、栏杆扶手、走廊端头的窗；可见的墙面、梁、柱，可见的阳台、雨篷、门窗、水斗和雨水管，可见的踢脚和室内的各种装饰等。

⑤ 尺寸标注 垂直方向的尺寸及标高外墙的竖向尺寸。通常标注三道，门窗洞及洞间墙等细部的高度尺寸、层高尺寸、室外地面以上的总高尺寸。此外还有局部尺寸，注明细部构配件的高度、形状、位置。标高宜标注室外地坪，以及楼地面、地下室地面、阳台、平台、台阶等处的完成面。

### 二、详图的识读步骤及要点

#### 1. 详图的识读步骤

①了解墙身详图的图名和比例；②了解墙脚构造；③了解一层雨篷做法；④了解中间节点；⑤了解檐口部位。

#### 2. 详图的识读要点

① 墙与轴线的关系 表明外墙厚度、外墙与轴线的关系，在墙厚或墙与轴线关系有变化处，都应分别标注清楚。

② 室内外地面处的节点 表明基础厚度、室外地坪的位置、明沟、散水、台阶或坡道的做法，墙身防潮层的做法，首层地面与暖气槽、罩和暖气管件的做法，勒脚、踢脚板或墙裙的做法，以及首层室内外窗台的做法等。

③ 楼层处的节点 包括从下层窗穿过梁至本层窗台范围里的全部内容。常包括门窗过梁、雨罩或遮阳板、楼板、圈梁、阳台和阳台栏板或栏杆等。当若干层节点相同时，可用一个图样表示，但应标出若干层的楼面标高。

④ 屋顶檐口处的节点 表明自顶层窗过梁到檐口、女儿墙上皮范围里的全部内容。常包括门窗过梁、雨罩或遮阳板、顶层屋顶板或屋架等。

⑤ 各处尺寸与标高的标注　原则上应与立、剖面图一致并标注于相同处，挑出构件应加注挑出长度的尺寸、挑出构件结构下皮的标高。尺寸与标高的标注总原则通常是：除层高线的标高为建筑面层以外（且平屋顶顶层层高常以结构顶板为准），都宜标注于结构面的尺寸标高。

⑥ 各构造部位的详细做法　应表达清楚室内、外装修各构造部位的详细做法，某些部位图面比例小不易表达出更详细的细部做法时，应标注文字说明或给出图索引。

## 第三节　图纸目录和设计说明识读基础知识

### 一、图纸目录的识读要点

① 装饰装修施工图都应有一图纸目录，包括图别、图号及图样内容。一套完整的装饰工程图样，数量较多，为了方便阅读、查找、归档，应编制相应的图样目录，它是设计图样的汇总表。图样一般均以表格的形式表示。

② 规模较大的建筑装饰装修工程设计，图样数量一般较大，需要分册装订，通常为了便于施工作业，以楼层或功能分区为单位进行编制，但是每个编制分册都应包括图样总目录。

### 二、设计说明的识读要点

看图顺序是首先看设计总说明，了解建筑概况及技术要求等，然后看图。一般按照目录的排列往下逐张看图，如先看建筑总平面图，了解建筑物的地理位置、坐标、高程、朝向，以及与建筑有关的一些情况。

设计说明主要包括工程概括、设计依据、施工图设计说明及施工说明等。

① 工程名称、工程地点与建设单位。

② 工程的原始情况、建筑面积、装饰等级、设计范围与主要目的。

③ 施工图设计依据。

④ 施工图设计说明应标明装饰装修设计在结构与设备等技术方面对原有建筑进行改动的情况，应包括建筑装饰装修的类别、防火等级、防火设备、防火分区、防火门等设施的消防设计说明。

⑤ 对设计中所采用的新技术、新工艺、新设备与新材料情况进行说明。

# 第二章　装饰装修工程造价基础知识

## 第一节　工程造价的构成与分类

### 一、工程造价的构成

我国现行工程造价的具体构成如图 2-1 所示。

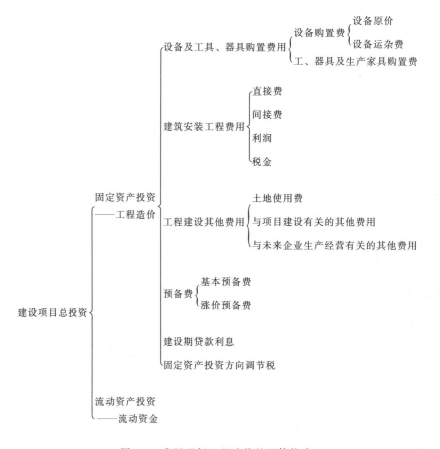

图 2-1　我国现行工程造价的具体构成

### 二、工程造价的分类

建筑工程造价的分类如图 2-2 所示。

图 2-2　建筑工程造价的分类

# 第二节　工程造价常见名词解释

工程造价常见名词解释的具体内容见表 2-1。

表 2-1　工程造价常见名词及解释

| 名　称 | 内容及解释 |
| --- | --- |
| 工程造价 | 工程造价是建设工程造价的简称,有两种不同的含义:①指建设项目(单项工程)的建设成本,即完成一个建设项目(单项工程)所需费用的总和,包括建筑工程、安装工程、设备及其他相关费用;②指建设工程的承发包价格(或称承包价格) |
| 定额 | 在生产经营活动中,根据一定的技术条件和组织条件,规定为完成一定的合格产品(或工作)所需要消耗的人力、物力或财力的数量标准。它是经济管理的一种工具,是科学管理的基础,具有科学性、法令性和群众性 |
| 工日 | 一种表示工作时间的计量单位,通常以八小时为一个标准工日,一个职工的一个劳动日习惯上称为一个工日,不论职工在一个劳动日内实际工作时间的长短,都按一个工日计算 |
| 定额水平 | 定额水平指在一定时期(比如一个修编间隔期)内,定额的劳动力、材料、机械台班消耗量的变化程度 |
| 劳动定额 | 劳动定额指在一定的生产技术和生产组织条件下,为生产一定数量的合格产品或完成一定量的工作所必需的劳动消耗标准。按表达方式不同,劳动定额分为时间定额和产量定额,其关系是:时间定额×产量=1 |
| 施工定额 | 施工定额是确定建筑安装工人或小组在正常施工条件下,完成每一计量单位合格的建筑安装产品所消耗的劳动、机械和材料的数量标准。施工定额是企业内部使用的一种定额,由劳动定额、机械定额和材料定额三个相对独立的部分组成。施工定额的主要作用有:①施工定额是编制施工组织设计和施工作业计划的依据;②施工定额是向工人和班组推行承包制,计算工人劳动报酬和签发施工任务单、限额领料单的基本依据;③施工定额是编制施工预算,编制预算定额和补充单位估价表的依据 |

续表

| 名　称 | 内容及解释 |
| --- | --- |
| 工期定额 | 工期定额指在一定的生产技术和自然条件下,完成某个单位(或群体)工程平均需用的标准天数,包括建设工期定额和施工工期定额两个层次。建设工期是指建设项目或独立的单项工程从开工建设起到全部建成投产或交付使用时止所经历的时间。因不可抗拒的自然灾害或重大设计变更造成的停工,经签证后,可顺延工期<br>工期定额是评价工程建设速度、编制施工计划、签订承包合同、评价全优工程的依据 |
| 预算定额 | 预算定额是确定单位合格产品的分部分项工程或构件所需要的人工、材料和机械台班合理消耗数量的标准,是编制施工图预算、确定工程造价的依据 |
| 概算定额 | 概算定额是确定一定计量单位扩大分部分项工程的人工、材料和机械消耗数量的标准;它是在预算定额基础上编制的,较预算定额综合扩大。概算定额是编制扩大初步设计概算、控制项目投资的依据 |
| 其他直接费定额 | 其他直接费定额指与建筑安装施工生产的个别产品无关,而为企业生产全部产品所必需的,为维护企业的经营管理活动所必须发生的各项费用开支达到的标准 |
| 单位估价表 | 它是用表格形式确定定额计量单位建筑安装分项工程直接费用的文件。例如确定生产每 10m³ 钢筋混凝土或安装一台某型号铣床设备,所需要的人工费、材料费、施工机械使用费和其他直接费 |
| 投资估算 | 投资估算是指在整个投资决策过程中,依据现有资料和一定的方法,对建设项目的投资数额进行估计 |
| 设计概算 | 设计概算是指在初步设计或扩大初步设计阶段,根据设计要求对工程造价进行的概略计算 |
| 施工图预算 | 施工图预算是确定建筑安装工程预算造价的文件,是在施工图设计完成后,以施工图为依据,根据预算定额、费用标准以及地区人工、材料、机械台班的预算价格进行编制的 |
| 工程结算 | 工程结算指施工企业向发包单位交付竣工工程或点交完工工程取得工程价款收入的结算业务 |
| 竣工决算 | 竣工决算是反映竣工项目建设成果的文件,是考核其投资效果的依据,是办理交付、动工、验收的依据,是竣工验收报告的重要部分 |
| 建设工程造价 | 建设工程造价一般是指进行某项工程建设花费的全部费用,即该建设项目(工程项目)有计划地进行固定资产再生产和形成最低量流动基金的一次性费用总和。它主要由建筑安装工程费用、设备工器具的购置费、工程建设其他费用组成 |

# 第三节　建筑工程定额的分类

## 一、按生产要素分类

按生产要素可以分为劳动定额、机械台班定额与材料消耗定额。

生产要素包括劳动者、劳动手段和劳动对象三部分,所以与其相对应的定额是劳动定额、机械台班定额和材料消耗定额。按生产要素进行分类是最基本的分类方法,它直接反映出生产某种单位合格产品所必须具备的基本因素。因此,劳动定额、机械台班定额和材料消耗定额是施工定额、预算定额、概算定额等多种定额的最基本的重要组成部分,具体内容如表 2-2 所列。

表 2-2　按生产要素分类的定额内容

| 名　称 | 内容 |
| --- | --- |
| 劳动定额 | 又称人工定额。它规定了在正常施工条件下某工种的某一等级工人,为生产单位合格产品所必需消耗的劳动时间;或在一定的劳动时间中所生产合格产品的数量 |
| 机械台班定额 | 又称机械使用定额,简称机械定额。它是在正常施工条件下,利用某机械生产一定单位合格产品所必须消耗的机械工作时间;或在单位时间内,机械完成合格产品的数量 |
| 材料消耗定额 | 是在节约和合理使用材料的条件下,生产单位合格产品必须消耗的一定品种规格的原材料、燃料、半成品或构件的数量 |

## 二、按编制程序分类

按编制程序和用途、性质，定额可以分为工序定额、施工定额、预算定额与概算定额（或概算指标），具体内容如表 2-3 所列。

表 2-3　按编制程序分类的定额内容

| 名　称 | 内　容 |
| --- | --- |
| 工序定额 | 是以最基本的施工过程为标定对象，表示其生产产品数量与时间消耗关系的定额。由于工序定额比较细碎，一般不直接用于施工中，主要在标定施工定额时作为原始资料 |
| 施工定额 | 是直接用于基层施工管理中的定额。它一般由劳动定额、材料消耗定额和机械台班定额三部分组成。根据施工定额，可以计算不同工程项目的人工、材料和机械台班需用量 |
| 预算定额 | 是确定一个计量单位的分项工程或结构构件的人工、材料（包括成品、半成品）和施工机械台班的需用量及费用标准 |
| 概算定额 | 是预算定额的扩大和合并。它是确定一定计量单位扩大分项工程的人工、材料和机械台班的需用量及费用标准 |
| 单位造价 | 是按工程建成后所实现的生产能力或使用功能的数量核算每单位数量的工程造价，如每公里铁路造价，每千瓦发电能力造价 |
| 静态投资 | 指编制预期造价时以某一基准年、月的建设要素单价为依据所计算出的造价时值，包括了因工程量误差而可能引起的造价增加，不包括以后年、月因价格上涨等风险因素而需要增加的投资，以及因时间迁移而发生的投资利息支出 |
| 动态投资 | 指完成一个建设项目预计所需投资的总和，包括静态投资、价格上涨等风险因素而需要增加的投资以及预计所需的投资利息支出 |
| 工程造价管理 | 是运用科学、技术原理和方法，在统一目标、各负其责的原则下，为确保建设工程的经济效益和有关各方的经济权益而对建设工程造价及建安工程价格所进行的全过程、全方位的，符合政策和客观规律的全部业务行为和组织活动 |
| 工程造价全过程管理 | 确保建设工程的投资效益，对工程建设从可行性研究开始经初步设计、扩大初步设计、施工图设计、承发包、施工、调试、竣工投产、决算、后评估等的整个过程，围绕工程造价所进行的全部业务行为和组织活动 |
| 工程造价合理计定 | 是采用科学的计算方法和切合实际的计价依据，通过造价的分析比较，促进设计优化，确保建设项目的预期造价核定在合理的水平上，包括能控制住实际造价在预期价允许的误差范围内 |

---

# 第三章　楼地面工程

## 第一节　楼地面工程量计算规则解析

### 1. 整体面层及找平层

根据《房屋建筑与装饰工程工程量计算规范》（GB 50854—2013）的规定，整体面层及找平层工程量计算规则见表 3-1。

表 3-1　整体面层及找平层工程量计算规则　　　　　　　（编码：011101）

| 项目编码 | 项目名称 | 计量单位 | 计算规则 |
| --- | --- | --- | --- |
| 011101001 | 水泥砂浆楼地面 | | 按设计图示尺寸以面积计算。扣除凸出地面构筑物、设备基础、室内铁道、地沟等所占面积，不扣除间壁墙及 ≤0.3m² 柱、垛、附墙烟囱及孔洞所占面积。门洞、空圈、暖气包槽等部分不增加面积 |
| 011101002 | 现浇水磨石楼地面 | | |
| 011101003 | 细石混凝土楼地面 | m² | |
| 011101004 | 菱苦土楼地面 | | |
| 011101005 | 自流平楼地面 | | |
| 011101006 | 平面砂浆找平层 | | 按设计图示尺寸以面积计算 |

> **规则解析**
> （1）水泥砂浆面层处理时拉毛还是提浆压光应在面层做法要求中描述。
> （2）平面砂浆找平层是适用于仅做找平层的平面抹灰。
> （3）间壁墙指墙厚 ≤120mm 的墙。

### 2. 块料面层

根据《房屋建筑与装饰工程工程量计算规范》（GB 50854—2013）的规定，块料面层工程量计算规则见表 3-2。

表 3-2　块料面层工程量计算规则　　　　　　　（编码：011102）

| 项目编码 | 项目名称 | 计量单位 | 计算规则 |
| --- | --- | --- | --- |
| 011102001 | 石材楼地面 | | 按设计图示尺寸以面积计算，门洞、空圈、暖气包槽等部分并入相应的工程量内 |
| 011102002 | 碎石材楼地面 | m² | |
| 011102003 | 块料楼地面 | | |

> **规则解析**
> （1）在描述碎石石材项目的面层材料特征时可不用描述规格、颜色。
> （2）实在、块料与黏结材料的结合面刷防渗材料的种类在防护层材料种类中描述。

# 前　　言

随着建筑行业的不断发展和进步，"工程造价"已经被越来越多的企业和个人所关注。之所以备受关注，是因为"工程造价"直接影响着企业投资的成功与否和个人的基本收益，现在也有很多建筑院校把"工程造价"从大的建筑工程专业中分离出来，形成一个单独的专业，由此可见工程造价的重要性。

对一个工程造价专业的毕业生（或刚刚从事工程造价专业的人）来说，之前所学习的理论知识往往是不够的。有很多人来到工作岗位上不知如何下手，此时会感到理论与实际的差异，这也是阻碍他们顺利适应岗位工作的一道门槛。

本书首先解决的是工程造价行业职场新人对基本技能（识图基本技能、造价基本技能）的掌握问题，然后通过实际施工图的预算过程（实例施工图识图→实例工程量计算→实例工程量套价）对工程造价进行讲解，书中内容通过对实际"工程造价"过程的一步一步讲解和剖析，不仅可以使各专业造价人员直接学到自己所欠缺的识图、预算知识，节省时间、简便快捷，还可以提高"造价新人"的预算能力和工作效率。

参加本书编写的人员有：刘向宇、安平、陈建华、陈宏、蔡志宏、邓毅丰、邓丽娜、黄肖、黄华、何志勇、郝鹏、李卫、林艳云、李广、李锋、李保华、刘团团、李小丽、李四磊、刘杰、刘彦萍、刘伟、刘全、梁越、马元、孙银青、王军、王力宇、王广洋、许静、谢永亮、肖冠军、于兆山、张志贵、张蕾。

本书在编写过程中参考了有关文献和一些项目施工管理经验性文件，并且得到了许多专家和相关单位的关心与大力支持，在此表示衷心的感谢。由于编写时间和水平有限，尽管编者尽心尽力，反复推敲核实，但难免有疏漏及不妥之处，恳请广大读者批评指正，以便做进一步的修改和完善。

# 目　　录

**3. 橡塑面层**

根据《房屋建筑与装饰工程工程量计算规范》（GB 50854—2013）的规定，橡塑面层工程量计算规则见表3-3。

表3-3　橡塑面层工程量计算规则　　　　　　　（编码：011103）

| 项目编码 | 项目名称 | 计量单位 | 计算规则 |
|---|---|---|---|
| 011103001 | 橡胶板楼地面 | m² | 按设计图示尺寸以面积计算，门洞、空圈、暖气包槽等部分并入相应的工程量内 |
| 011103002 | 橡胶板卷材楼地面 | | |
| 011103003 | 塑料板楼地面 | | |
| 011103004 | 塑料卷材楼地面 | | |

解析：橡塑面层项目中如涉及找平层，另按找平层项目编码列项。

**4. 其他材料面层**

根据《房屋建筑与装饰工程工程量计算规范》（GB 50854—2013）的规定，其他材料面层工程量计算规则见表3-4。

表3-4　其他材料面层工程量计算规则　　　　　（编码：011104）

| 项目编码 | 项目名称 | 计量单位 | 计算规则 |
|---|---|---|---|
| 011104001 | 地毯楼地面 | m² | 按设计图示尺寸以面积计算。门洞、空圈、暖气包槽等部分并入相应的工程量内 |
| 011104002 | 竹、木（复合）底板 | | |
| 011104003 | 金属复合地板 | | |
| 011104004 | 防静电活动底板 | | |

**5. 踢脚线**

根据《房屋建筑与装饰工程工程量计算规范》（GB 50854—2013）的规定，踢脚线工程量计算规则见表3-5。

表3-5　踢脚线工程量计算规则　　　　　　　　（编码：011105）

| 项目编码 | 项目名称 | 计量单位 | 计算规则 |
|---|---|---|---|
| 011105001 | 水泥砂浆踢脚线 | (1)m²<br>(2)m | (1)以平方米计量，按设计图示长度乘以高度以面积计算<br>(2)以米计量，按延长米计算 |
| 011105002 | 石材踢脚线 | | |
| 011105003 | 块料踢脚线 | | |
| 011105004 | 塑料板踢脚线 | | |
| 011105005 | 木质踢脚线 | | |
| 011105006 | 金属踢脚线 | | |
| 011105007 | 防静电踢脚线 | | |

（规则解析）

（1）石材、块料与黏结材料的结合面刷防渗材料的种类在防护材料种类中描述。

（2）现浇水磨石踢脚线：清单工程和定额工程量的区别在于定额工程量按延长米计算，且洞口、空圈长度不扣除，洞口、空圈、附墙烟囱等侧壁长度亦不增加；清单工程量按设计图示长度乘以高度以面积计算，应扣除门洞、空圈长度，同时增加门洞、空圈、垛、附墙烟囱等侧壁长度。

**6. 楼梯面层**

根据《房屋建筑与装饰工程工程量计算规范》（GB 50854—2013）的规定，楼梯面层工程量计算规则见表3-6。

表3-6　楼梯面层工程量计算规则　　　　　　　（编码：011106）

| 项目编码 | 项目名称 | 计量单位 | 计算规则 |
|---|---|---|---|
| 011106001 | 石材楼梯面层 | m² | 按设计图示尺寸以楼梯（包括踏步、休息平台及≤500mm的楼梯井）水平投影面积计算。楼梯与楼地面相连时，算至梯口梁内侧边沿；无梯口梁者，算至最上一层踏步边沿加300mm |
| 011106002 | 块料楼梯面层 | | |
| 011106003 | 拼碎块料楼梯面层 | | |
| 011106004 | 水泥砂浆楼梯面层 | | |
| 011106005 | 现浇水磨石楼梯面层 | | |
| 011106006 | 地毯楼梯面层 | | |
| 011106007 | 木板楼梯面层 | | |
| 011106008 | 橡胶板楼梯面层 | | |
| 011106009 | 塑料板楼梯面层 | | |

（规则解析）

（1）在描述碎石材项目的面层材料特征时可不用描述规格、颜色。

（2）石材、块料与黏结材料的结合面防渗材料的种类在防护材料种类中描述。

**7. 台阶装饰**

根据《房屋建筑与装饰工程工程量计算规范》（GB 50854—2013）的规定，台阶装饰工程量计算规则见表3-7。

表3-7　台阶装饰工程量计算规则　　　　　　　（编码：011107）

| 项目编码 | 项目名称 | 计量单位 | 计算规则 |
|---|---|---|---|
| 011107001 | 石材台阶面 | m² | 按设计图示尺寸以台阶（包括最上层踏步边沿加300mm）水平投影面积 |
| 011107002 | 块料台阶面 | | |
| 011107003 | 拼碎块料台阶面 | | |
| 011107004 | 水泥砂浆台阶面 | | |
| 011107005 | 现浇水磨石台阶面 | | |
| 011107006 | 剁假石台阶面 | | |

（规则解析）

（1）在描述碎石材项目的面层材料特征时可不用描述规格、颜色。

（2）石材、块料与黏结材料的结合面刷防渗材料的种类在防护材料种类中描述。

**8. 零星装饰项目**

根据《房屋建筑与装饰工程工程量计算规范》（GB 50854—2013）的规定，零星装饰项目工程量计算规则见表3-8。

表3-8　零星装饰项目工程量计算规则　　　　　（编码：011108）

| 项目编码 | 项目名称 | 计量单位 | 计算规则 |
|---|---|---|---|
| 011108001 | 石材零星项目 | m² | 按设计图示尺寸以面积计算 |
| 011108002 | 拼碎石零星项目 | | |
| 011108003 | 块料零星项目 | | |
| 011108004 | 水泥砂浆零星项目 | | |

（规则解析）

（1）楼梯、台阶牵边和侧面镶贴块料面层，不大于0.5m²的少量分散的楼地面镶贴块料面层，应按本表执行。

（2）石材、块料与黏结材料的结合面刷防渗材料的种类在防护材料类中描述。

（1）在描述碎块项目的面层材料特征时可不用描述规格、颜色。

（2）石材、块料与黏结材料的结合面刷防渗材料的种类在防护层材料种类中描述。

（3）安装方式可描述为砂浆或黏结剂粘贴、挂贴、干挂等，不论哪种安装方式，都要详细描述与组价相关的内容。

### 5. 柱（梁）面镶贴块料

根据《房屋建筑与装饰工程工程量计算规范》（GB 50854—2013）的规定，柱（梁）面镶贴块料工程量计算规则见表4-5。

表4-5 柱（梁）面镶贴块料工程量计算规则 （编码：011205）

| 项目编码 | 项目名称 | 计量单位 | 计算规则 |
|---|---|---|---|
| 011205001 | 石材柱面 | m² | 按镶贴表面积计算 |
| 011205002 | 块料柱面 | | |
| 011205003 | 拼碎块柱面 | | |
| 011205004 | 石材梁面 | | |
| 011205005 | 块料两面 | | |

（1）在描述碎块项目的面层材料特征时可不用描述规格、颜色。

（2）石材、块料与黏结材料的结合面刷防渗材料的种类在防护层材料种类中描述。

### 6. 镶贴零星块料

根据《房屋建筑与装饰工程工程量计算规范》（GB 50854—2013）的规定，镶贴零星块料工程量计算规则见表4-6。

表4-6 镶贴零星块料工程量计算规则 （编码：011206）

| 项目编码 | 项目名称 | 计量单位 | 计算规则 |
|---|---|---|---|
| 011206001 | 石材零星项目 | m² | 按镶贴表面积计算 |
| 011206002 | 块料零星项目 | | |
| 011206003 | 拼碎块零星项目 | | |

（1）在描述碎块项目的面层材料特征时可不用描述规格、颜色。

（2）石材、块料与黏结材料的结合面刷防渗材料的种类在防护材料种类中描述。

（3）墙柱面≤0.5m² 的少量分散的镶贴块料面层按设计图示尺寸以面积计算。

### 7. 墙饰面

根据《房屋建筑与装饰工程工程量计算规范》（GB 50854—2013）的规定，墙饰面工程量计算规则见表4-7。

表4-7 墙饰面工程量计算规则 （编码：011207）

| 项目编码 | 项目名称 | 计量单位 | 计算规则 |
|---|---|---|---|
| 011207001 | 墙面装饰板 | m² | 按设计图示墙净长乘净高，以面积计算。扣除门窗洞口及单个大于 0.3m² 的孔洞所占面积 |
| 011207002 | 墙面装饰浮雕 | | 按设计图示以面积计算 |

### 8. 柱（梁）饰面

根据《房屋建筑与装饰工程工程量计算规范》（GB 50854—2013）的规定，柱（梁）饰面工程量计算规则见表4-8。

表4-8 柱（梁）饰面工程量计算规则 （编码：011208）

| 项目编码 | 项目名称 | 计量单位 | 计算规则 |
|---|---|---|---|
| 011208001 | 柱（梁）面装饰 | m² | 按设计图示以面积计算。柱帽、柱墩并入形影柱饰面工程量内 |
| 011208002 | 成品装饰柱 | (1)根<br>(2)m | (1)以根计量，按设计数量计算<br>(2)以 m 计量，按设计长度计算 |

# 第二节 墙、地面工程造价实例

## 一、某建筑一层墙面抹灰施工图识读

某建筑一层楼墙面抹灰施工图的识读以图4-1为例进行解读。

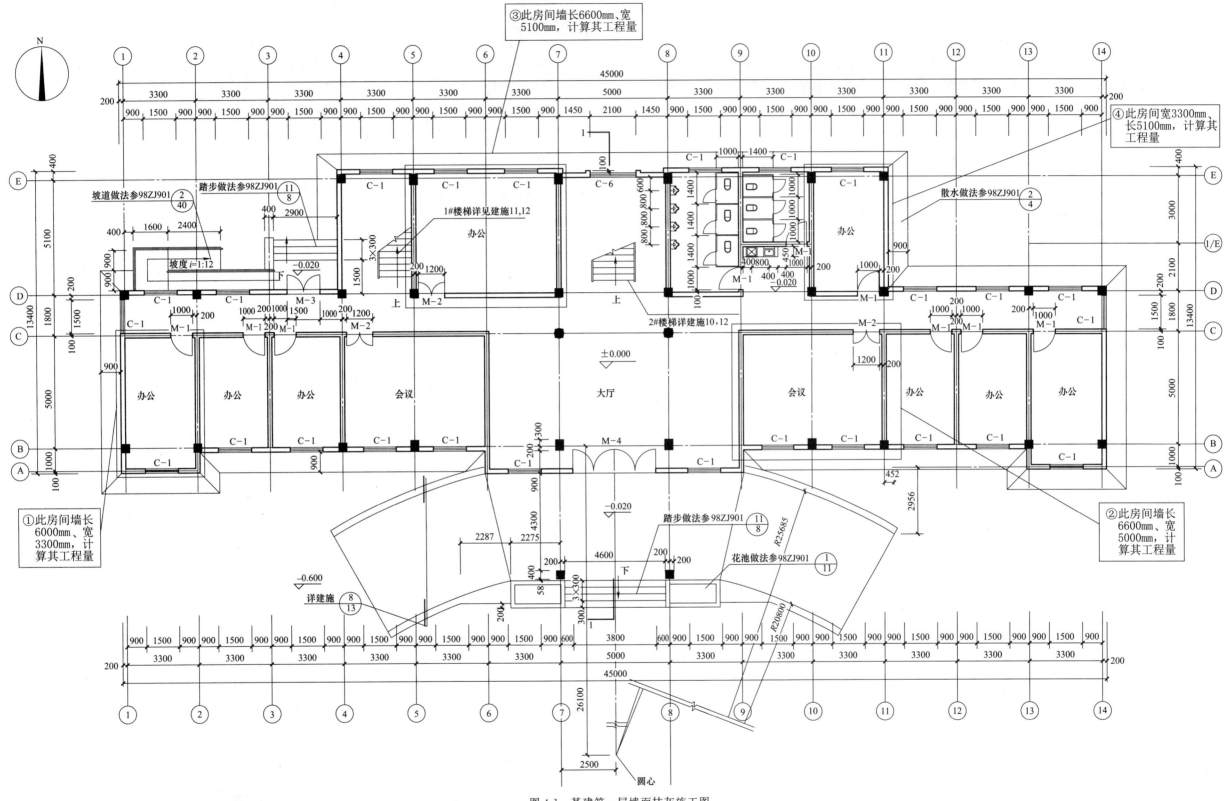

图 4-1  某建筑一层墙面抹灰施工图

图 4-1 识读要点：首先应看出每个房间墙的长度及宽度，其次看出每个房间中有无门窗，通过立面图查得该房间所在层高，最后通过门窗表中查得该房间门或窗所占的面积。

## 二、某建筑一层墙面抹灰工程量计算及套价

### 1. 工程量计算

① 办公室工程量计算

墙面抹灰面积＝原始抹灰面积－门、窗所占面积＝$[(3.300-0.100) \times 2 +(5.000+1.000-0.100 \times 2) \times 2] \times 3.000-(1.500 \times 1.800)-(1.000 \times 2.400)=48.9(m^2)$

墙面块料面积＝原始抹灰面积－窗所占面积＝$[(3.300-0.100) \times 2 +(5.000+1.000-0.100 \times 2) \times 2] \times 3.000-(1.500 \times 1.800)-(1.000 \times 2.400)=48.9(m^2)$

计算解析：$(3.300-0.100)m$ 为办公室墙的净宽度；$(5.000+1.000-0.100 \times 2)m$ 为办公室墙的净长度，$3.000m$ 为办公室净高（可从立面图查得）；$1.500$ 为窗 C-1 的宽度，$1.800m$ 为窗 C-1 的高度（可从门窗表中查得）；$1.000$ 为门 M-1 的宽度，$2.400$ 为门 M-1 的高度；$1.000$ 为Ⓐ～Ⓑ轴的长度。

② 会议室工程量计算

墙面抹灰面积＝原始抹灰面积－窗所占面积－门所占面积＝$[(3.300+3.300-0.100 \times 2) \times 2 +(5.000-0.100) \times 2] \times 3.000-(1.500 \times 1.800) \times 2-(1.200 \times 2.400)=59.52(m^2)$

墙面块料面积＝原始抹灰面积－窗所占面积＝$[(3.300+3.300-0.100 \times 2) \times 2 +(5.000-0.100) \times 2] \times 3.000-(1.500 \times 1.800) \times 2-(1.200 \times 2.400)=59.52(m^2)$

计算解析：$(3.300+3.300-0.100 \times 2)m$ 为会议室墙的净长度；$(5.000-0.100)m$ 为会议室墙的净宽度；$3.000m$ 为会议室净高；$(1.500m \times 1.800m)$ 为窗 C-1 的尺寸（宽×高、尺寸可从门窗表中查得）；$(1.200m \times 2.400m)$ 为门 M-2 的尺寸（宽×高、尺寸可从门窗表中查得）。

③ ⑤～⑦轴交Ⓓ～Ⓔ轴办公室工程量计算

墙面抹灰面积＝原始抹灰面积－窗所占面积－门所占面积＝$[(3.300 \times 2-0.100 \times 2) \times 2 +(5.100+0.400-0.200) \times 2] \times 3.000-(1.500 \times 1.800) \times 2-(1.200 \times 2.400)=61.92(m^2)$

墙面块料面积＝原始抹灰面积－窗所占面积－门所占面积＝$[(3.300 \times 2-0.100 \times 2) \times 2 +(5.100+0.400+0.200) \times 2] \times 3.000-(1.500 \times 1.800)-(1.500 \times 1.800)-(1.200 \times 2.400)=61.92(m^2)$

计算解析：$(3.300 \times 2-0.100 \times 2)m$ 为图中标注⑤～⑦轴交Ⓓ～Ⓔ轴办公室墙的净长度；$(5.100+0.400-0.200)m$ 为图中标注⑤～⑦轴交Ⓓ～Ⓔ轴办公室墙的净宽度；$3.000m$ 为办公室净高；$1.500m$ 为窗 C-1 的宽度，$1.800m$ 为窗 C-1 的高度（可从门窗表中查得）；$1.200m \times 2.400m$ 为门 M-2 的尺寸（宽×高、尺寸可从门窗表中查得）。

④ ⑩～⑪轴交Ⓓ～Ⓔ轴办公室工程量计算

墙面抹灰面积＝原始抹灰面积－窗所占面积－门所占面积＝$[(3.300-0.100) \times 2 +(5.100+0.400-0.200) \times 2] \times 3.000-(1.500 \times 1.800)-(1.000 \times 2.400)=45.9(m^2)$

墙面块料面积＝原始抹灰面积－窗所占面积－门所占面积＝$[(3.300-0.100) \times 2 +(5.100+0.400-0.200) \times 2] \times 3.000]-(1.500 \times 1.800)-(1.000 \times 2.400)=45.9(m^2)$

计算解析：$(5.100+0.400-0.200)m$ 为⑩～⑪轴交Ⓓ～Ⓔ轴办公室墙的净长度；$(3.300-0.100)m$ 为⑩～⑪轴交Ⓓ～Ⓔ轴办公室墙的净宽度；$3.000m$ 为办公室净高；$(1.500m \times 1.800m)$ 为窗 C-1 的尺寸（宽×高、尺寸可从门窗表中查得）；$(1.000m \times 2.400m)$ 为门 M-1 的尺寸（宽×高、尺寸可从门窗表中查得）。

### 2. 工程量套价

把图 4-1 工程量计算得出的数据代入表 4-9 中，即可得到该部分工程量的价格。

表 4-9　墙面抹灰工程计价表

| 序号 | 项目编码 | 名称 | 项目特征描述 | 计量单位 | 工程量 | 综合单价 | 合价 | 其中 暂估价 |
|---|---|---|---|---|---|---|---|---|
| 1 | 011201001002 | 图 4-1 中①墙面抹灰 | 5mm 厚 1：2.5 水泥砂浆抹平 | m² | 48.9 | 24.65 | 1205.39 | — |
| 2 | 011201001002 | 图 4-1 中②墙面抹灰 | 20mm 厚 1：2.5 预拌水泥砂浆 | m² | 59.52 | 24.65 | 1467.17 | — |
| 3 | 011201001002 | 图 4-1 中③墙面抹灰 | 5mm 厚 1：2.5 水泥砂浆抹平 | m² | 61.92 | 24.65 | 1526.33 | |
| 4 | 011201001002 | 图 4-1 中④墙面抹灰 | 20mm 厚 1：2.5 预拌水泥砂浆 | m² | 45.9 | 24.65 | 1131.44 | |

注：1. 表中的工程量是根据图 4-1 中工程量计算得出的数据。

2. 表中的综合单价是根据 2010 年《黑龙江省建设工程计价依据》得出的，在计算过程中可根据该工程所使用的定额计算出综合单价。

## 三、某建筑物二层墙面抹灰施工图识读

某建筑二层墙面抹灰施工图的识读以图 4-2 为例进行解读。

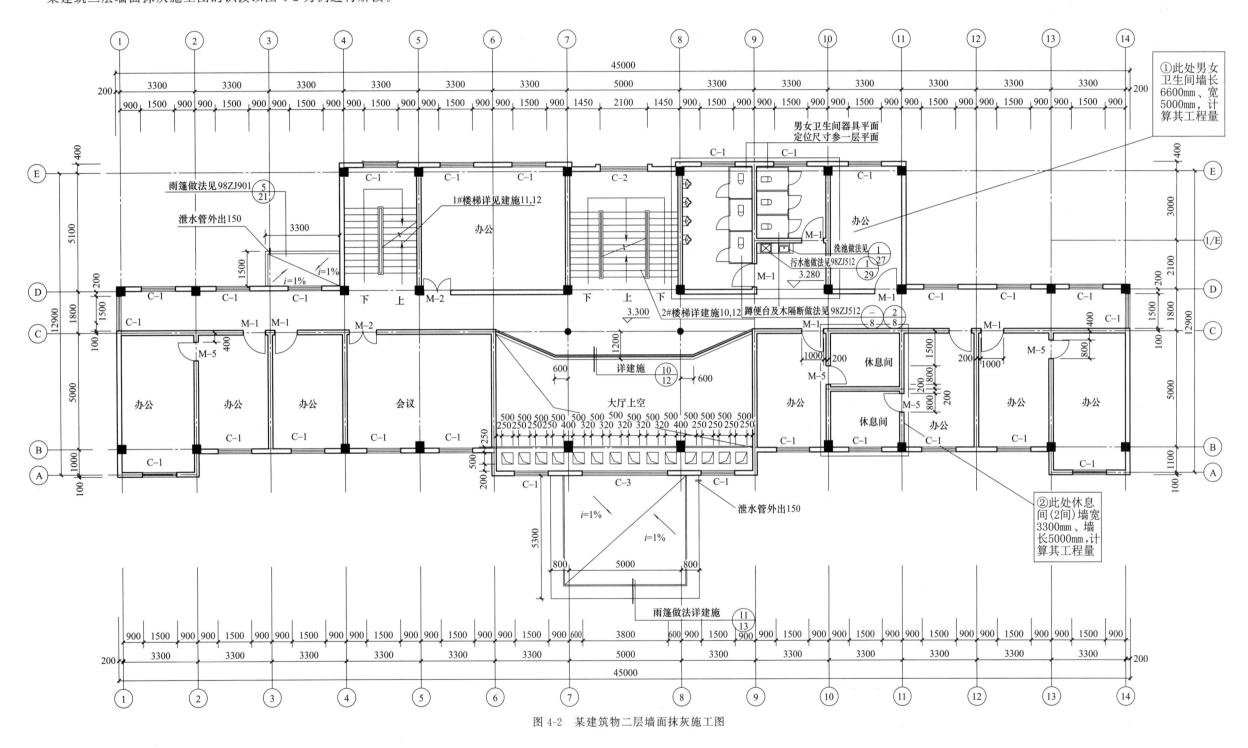

图 4-2 某建筑物二层墙面抹灰施工图

图 4-2 识读要点：图中标注的卫生间由男卫生间和女卫生间组成，首先明确卫生间的长度及宽度，通过立面图查得卫生间的高度，最后通过门窗表查得卫生间内门、窗所占面积。

### 四、某建筑物二层墙面抹灰工程量计算及套价

#### 1. 工程量计算

① 男女卫生间工程量

墙面抹灰面积＝原始抹灰面积－窗所占面积－门所占面积＝[(3.300－0.200)×4＋3.300＋(5.100＋0.400－0.200)×4]×3.000－(1.500×1.800)×2－(1.000×2.400)×4＝95.7(m²)

墙面块料面积＝原始抹灰面积－窗所占面积－门所占面积＝[(3.300－0.200)×4＋3.300＋(5.100＋0.400－0.200)×4]×3.000－(1.500×1.800)×2－(1.000×2.400)×4＝95.7(m²)

计算解析：(3.300－0.200)m 为男、女卫生间的净墙长；(5.100＋0.400－0.200)m 为卫生间的净墙宽；3.000m 为卫生间净高；(1.500×1.800)×2 为 2 个窗 C-1 的尺寸；(1.000×2.400)×2 为 2 个门 M-1 的尺寸。

② 休息间工程量（2 间）

墙面抹灰面积＝原始抹灰面积－窗所占面积－门所占面积＝[(3.300－0.200)×4＋(5.000－0.100)×2]×3.000－(1.500×1.800)－(0.800×2.100×2)＝60.54(m²)

墙面块料面积＝原始抹灰面积－窗所占面积－门所占面积＝[(3.300－0.200)×4＋(5.000－0.100)×2]×3.000－(1.500×1.800)－(0.800×2.100×2)＝60.54(m²)

计算解析：(3.300－0.200)m 为休息间墙的净宽度；(5.000－0.100) 为休息间墙的净长度；3.000m 为卫生间净高；(1.500m×1.800m) 为 C-1 的尺寸；(0.800m×2.100m×2) 为 2 个 M-5 的面积（M-5 尺寸从门窗表中查得）。

#### 2. 工程量套价

把图 4-2 工程量计算得出的数据代入表 4-10 中，即可得到该部分工程量的价格。

表 4-10　墙面抹灰工程计价表

| 序号 | 项目编码 | 名称 | 项目特征描述 | 计量单位 | 工程量 | 金额/元 | | |
| --- | --- | --- | --- | --- | --- | --- | --- | --- |
| | | | | | | 综合单价 | 合价 | 其中 |
| | | | | | | | | 暂估价 |
| 1 | 011201001002 | 图 4-2 中标注① 墙面抹灰 | 5mm 厚 1：2.5 水泥砂浆抹平 | m² | 95.7 | 24.65 | 2359.01 | |
| 2 | 011201001002 | 图 4-2 中标注② 墙面抹灰 | 5mm 厚 1：2.5 水泥砂浆抹平 | m² | 60.54 | 24.65 | 1492.31 | |

注：1. 表中的工程量是根据图 4-2 中工程量计算得出的数据。

2. 表中的综合单价是根据 2010 年《黑龙江省建设工程计价依据》得出的，在计算过程中可根据该工程所使用的定额计算出综合单价。

### 五、某建筑物一层及标准层柱面抹灰施工图识读

1. 某建筑物一层柱面抹灰施工图识读以图 4-3 为例进行解读。

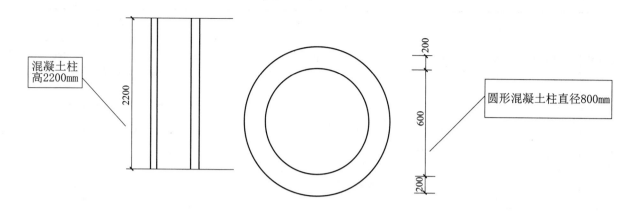

图 4-3　某建筑物一层柱示意图

2. 某建筑物标准层柱面抹灰施工图识读以图 4-4 为例进行解读。

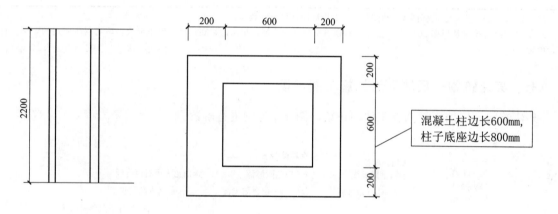

图 4-4　某建筑物标准层柱示意图

### 六、某建筑物一层及标准层柱面抹灰工程量计算及套价

#### 1. 工程量计算

① 一层柱工程量计算

一层柱的抹灰面积＝圆柱的侧面积(底面周长×高)＝0.800×π×2.200＝5.53(m²)

计算解析：0.800 为圆柱的直径；2.200m 为圆柱的高度。

② 标准层柱工程量计算

标准层柱的抹灰面积＝0.600×4×2.200＝5.28m²

计算解析：0.600 为柱子的边长，4 为柱子边长的个数，2.200m 为柱子的高度。

#### 2. 工程量套价

把图 4-3 和图 4-4 工程量计算得出的数据代入表 4-11 中，即可得到该部分工程量的价格。

**表 4-11　柱面抹灰工程计价表**

| 序号 | 项目编码 | 名称 | 项目特征描述 | 计量单位 | 工程量 | 综合单价 | 合价 | 其中 暂估价 |
|---|---|---|---|---|---|---|---|---|
| 1 | 011201001002 | 图 4-3 中柱面抹灰 | (1)9mm 厚 1:3 水泥砂浆打底扫毛或划出纹道 (2)5mm 厚 1:2.5 水泥砂浆抹平 | m² | 5.53 | 24.65 | 136.31 | |
| 2 | 011201001002 | 图 4-4 中柱面抹灰 | (1)水泥浆一道(内掺建筑胶) (2)20mm 厚 1:2.5 预拌水泥砂浆 | m² | 5.28 | 24.65 | 130.15 | |

注：1. 表中的工程量是根据图 4-3 和图 4-4 中工程量计算得出的数据。

2. 表中的综合单价是根据 2010 年《黑龙江省建设工程计价依据》得出的，在计算过程中可根据该工程所使用的定额计算出综合单价。

## 七、某建筑物一层墙面涂饰施工图识读

某建筑物一层墙面涂饰施工图的识读以图 4-5 为例进行解读。

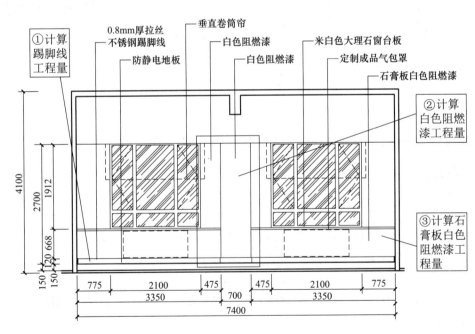

图 4-5　某建筑物一层墙面施工图

图 4-5 识读要点：首先从墙面施工图中看出墙面每个部位所使用的材料，其次从图中看出各个细节的具体尺寸，最后通过图中的具体数据计算出相对应的工程量。

## 八、某建筑物一层墙面涂饰工程量计算及套价

### 1. 工程量计算

① 踢脚线工程量计算

踢脚线工程量＝0.120×7.400＝0.888（m²）

计算解析：0.120m 为踢脚板的宽度；7.400m 为踢脚线的长度。

② 白色阻燃漆工程量计算

白色阻燃漆工程量＝(0.475＋0.700)×1.912＝2.247（m²）

计算解析：(0.475＋0.700) 为图中标注区域白色阻燃漆涂刷的宽度；1.912 为图中标注区域白色阻燃漆涂刷的长度。

③ 石膏板白色阻燃漆工程量计算

石膏板白色阻燃漆工程量＝3.350×0.668＝2.238（m²）

计算解析：3.350m 为图中标注区域石膏板白色阻燃漆涂刷的长度；0.668 为图中标注区域石膏板白色阻燃漆涂刷的长度。

### 2. 工程量套价

把图 4-5 工程量计算得出的数据代入表 4-12 中，即可得到该部分工程量的价格。

**表 4-12　墙面涂刷工程计价表**

| 序号 | 项目编码 | 名称 | 项目特征描述 | 计量单位 | 工程量 | 综合单价 | 合价 | 其中 暂估价 |
|---|---|---|---|---|---|---|---|---|
| 1 | 011105006001 | 图 4-5 中①踢脚线工程量 | (1)踢脚线高度:120mm (2)材料品种:拉丝不锈钢踢脚线 | m² | 0.888 | 454.82 | 403.88 | |
| 2 | 011407001006 | 图 4-5②白色阻燃漆工程量 | 涂料品种、喷刷遍数:防火阻燃漆 3 遍 | m² | 2.247 | 15.17 | 34.09 | |
| 3 | 011407001006 | 图 4-5③石膏板白色阻燃漆工程量 | 涂料品种、喷刷遍数:防火阻燃漆 3 遍 | m² | 2.238 | 15.17 | 33.95 | |

注：1. 表中的工程量是根据图 4-5 中工程量计算得出的数据。

2. 表中的综合单价是根据 2010 年《黑龙江省建设工程计价依据》得出的，在计算过程中可根据该工程所使用的定额计算出综合单价。

### 九、某建筑物标准层墙面涂饰施工图识读

某建筑物标准层墙面涂饰施工图的识读以图 4-6 为例进行解读。

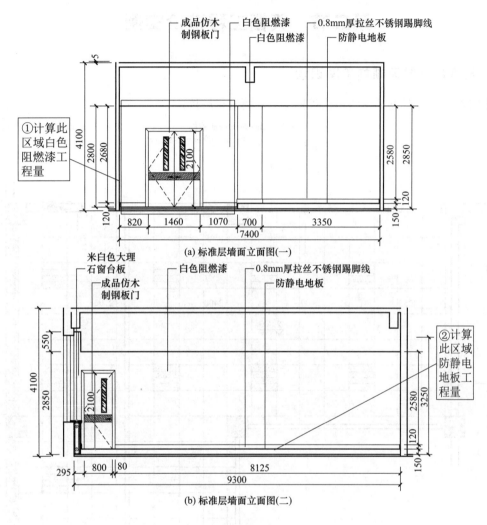

(a) 标准层墙面立面图(一)

(b) 标准层墙面立面图(二)

图 4-6　某建筑物标准层墙面涂饰施工图

图 4-6 识读要点：参见图 4-5 的识读要点。

### 十、某建筑物标准层墙面涂饰工程量计算及套价

#### 1. 工程量计算

① 白色阻燃漆工程量计算

白色阻燃漆工程量＝墙面涂饰阻燃漆工程量面积－门所占面积＝(0.820＋1.460＋1.070)×2.680－(1.460×2.100)＝5.912(m²)

计算解析：(0.820＋1.460＋1.070)m 为图中标注区域墙面的宽度；2.680m 为图中标注区域

墙面的高度；(1.460m×2.100m) 为图中钢制板门的尺寸。

② 防静电地板工程量

防静电地板工程量＝(0.08＋0.8＋0.08＋8.125)×0.150＝1.363(m²)

计算解析：(0.700＋3.350) 为图中标注防静电地板的长度；0.150 为图中标注房间的地板的宽度。

#### 2. 工程量套价

把图 4-6 工程量计算得出的数据代入表 4-13 中，即可得到该部分工程量的价格。

表 4-13　墙面涂刷工程计价表

| 序号 | 项目编码 | 名称 | 项目特征描述 | 计量单位 | 工程量 | 金额/元 | | |
|---|---|---|---|---|---|---|---|---|
| | | | | | | 综合单价 | 合价 | 其中<br>暂估价 |
| 1 | 011407001006 | 图 4-6 中标注①<br>白色阻燃漆工程量 | (1)刮腻子要求：刮大白三遍<br>(2)涂料品种、喷刷遍数：刷白色阻燃漆三遍 | m² | 5.912 | 15.17 | 89.69 | |
| 2 | 011104004001 | 图 4-6 中标注②<br>防静电地板 | 面层材料品种、规格、颜色：防静电活动地板 | m² | 1.363 | 387.1 | 527.62 | |

注：1. 表中的工程量是根据图 4-6 中工程量计算得出的数据。

2. 表中的综合单价是根据 2010 年《黑龙江省建设工程计价依据》得出的，在计算过程中可根据该工程所使用的定额计算出综合单价。

# 第五章　天棚工程

## 第一节　天棚工程量计算规则解析

### 1. 天棚抹灰

根据《房屋建筑与装饰工程工程量计算规范》（GB 50854—2013）的规定，天棚抹灰工程量计算规则见表 5-1。

表 5-1　天棚抹灰工程量计算规则　　　　　　　　　　（编码：011301）

| 项目编码 | 项目名称 | 计量单位 | 计算规则 |
|---|---|---|---|
| 011301001 | 天棚抹灰 | m² | 按设计图示尺寸以水平投影面积计算。不扣除间壁墙垛、柱、附墙烟囱、检查口和管道所占的面积，带梁天棚的梁两侧抹灰面积并入天棚面积内，板式楼梯底面抹灰按斜面积计算，锯齿形楼梯板底抹灰按展开面积计算 |

### 2. 天棚吊顶

根据《房屋建筑与装饰工程工程量计算规范》（GB 50854—2013）的规定，天棚吊顶工程量计算规则见表 5-2。

表 5-2　天棚吊顶工程量计算规则　　　　　　　　　　（编码：011302）

| 项目编码 | 项目名称 | 计量单位 | 计算规则 |
|---|---|---|---|
| 011302001 | 吊顶天棚 | m² | 按设计图示以水平投影面积计算。天棚面中的灯槽及跌级、锯齿形、吊挂式、藻井式天棚面积不展开计算。不扣除间壁墙、检查口、附墙烟囱、柱垛和管道所占面积，扣除单个大于 0.3m² 的孔洞、独立柱及与天棚相连的窗帘盒所占的面积 |
| 011302002 | 格栅天棚 | | |
| 011302003 | 吊筒天棚 | | |
| 011302004 | 藤条造型悬挂吊顶 | | 按设计图示尺寸以水平投影面积计算 |
| 011302005 | 织物软雕吊顶 | | |
| 011302006 | 装饰网架吊顶 | | |

### 3. 采光天棚

根据《房屋建筑与装饰工程工程量计算规范》（GB 50854—2013）的规定，采光天棚工程量计算规则见表 5-3。

表 5-3　采光天棚工程量计算规则　　　　　　　　　　（编码：011303）

| 项目编码 | 项目名称 | 计量单位 | 计算规则 |
|---|---|---|---|
| 011303001 | 采光天棚 | m² | 按框外围展开面积计算 |

**规则解析**

采光天棚骨架不包括在本节中，应单独编码立项。

### 4. 天棚其他装饰

根据《房屋建筑与装饰工程工程量计算规范》（GB 50854—2013）的规定，天棚其他装饰工程量计算规则见表 5-4。

表 5-4　天棚其他装饰工程量计算规则　　　　　　　　　（编码：011304）

| 项目编码 | 项目名称 | 计量单位 | 计算规则 |
|---|---|---|---|
| 011304001 | 灯带（槽） | m² | 按设计图示以外围面积计算 |
| 011304002 | 送风口、回风口 | 个 | 按设计图示数量计算 |

## 第二节　天棚工程造价实例

### 一、某建筑一层天棚施工图识读

某建筑物一层天棚施工图的识读以图 5-1 为例进行解读。

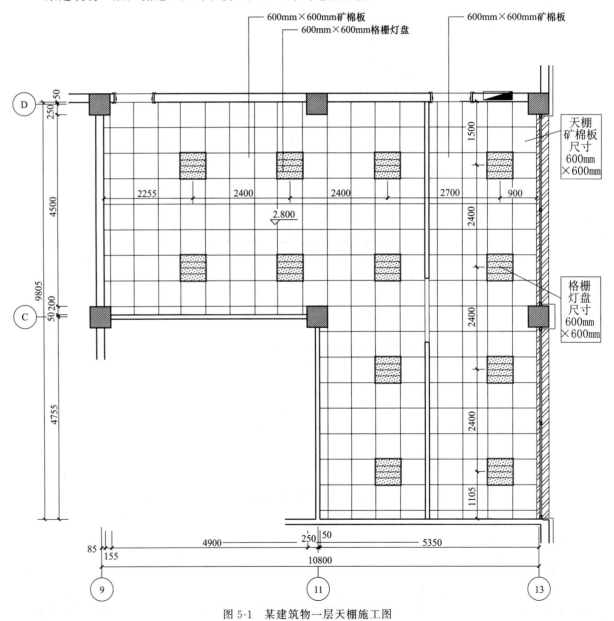

图 5-1　某建筑物一层天棚施工图

图 5-1 识读要点：首先应该确定本图中房间的长度、宽度从而计算出面积，其次查看格栅灯盘的尺寸及个数，为后面的工程量计算打基础。

### 二、某建筑一层天棚工程量计算及套价

#### 1. 工程量计算

图 5-1 中的天棚矿棉板工程量＝天棚矿棉板的总面积－格栅灯盘所占的面积

天棚矿棉板的总面积＝大长方形面积＋小长方形面积

$$＝(4.500＋0.200＋0.250)×10.800＋(5.350×4.755)$$
$$＝78.90（m^2）$$

格栅灯盘面积（12个）＝0.600×0.600×12
$$＝4.32（m^2）$$

天棚矿棉板工程量＝天棚矿棉板的总面积－格栅灯盘所占的面积
$$＝78.90－4.32$$
$$＝74.58（m^2）$$

计算解析：(4.500＋0.200＋0.250)m 为图中大长方形的宽度；10.800m 为图中大长方形的长度（mm）；(5.350m×4.755m) 为图中小正方形的面积；12 为图中格栅灯盘的个数；0.600 为格栅灯盘的边长尺寸。

#### 2. 工程量套价

图 5-1 工程量计算得出的数据代入表 5-5 中，即可得到该部分工程量的价格。

表 5-5　天棚工程计价表

| 序号 | 项目编码 | 名 称 | 项目特征描述 | 计量单位 | 工程量 | 综合单价 | 合价 | 其中 暂估价 |
|---|---|---|---|---|---|---|---|---|
| 1 | 011302001037 | 图 5-1 中天棚矿棉板工程量 | (1)龙骨材料种类、规格、中距：轻钢龙骨<br>(2)面层材料品种、规格：矿棉板 | m² | 74.58 | 110.87 | 8266.68 | — |

注：1. 表中的工程量是根据图 5-1 中工程量计算得出的数据。

2. 表中的综合单价是根据 2010 年《黑龙江省建设工程计价依据》得出的，在计算过程中可根据该工程所使用的定额计算出综合单价。

### 三、某建筑物标准层天棚施工图识读

某建筑物标准层天棚施工图的识读以图 5-2 为例进行解读。

图 5-2 识读要点：参见图 5-1 的识读要点。

### 四、某建筑物标准层天棚工程量计算及套价

#### 1. 工程量计算

图 5-2 中的天棚矿棉板工程量＝天棚矿棉板的总面积－格栅灯盘所占的面积

天棚矿棉板的总面积＝8.250×6.850＝56.51（m²）

格栅灯盘面积（6个）＝0.300×1.200×6＝2.16（m²）

天棚矿棉板工程量＝天棚矿棉板的总面积－格栅灯盘所占的面积＝56.51－2.16＝54.35（m²）

计算解析：8.250 为图中天棚的长度；6.850 为图中天棚的宽度；(0.300×1.200) 为图中一

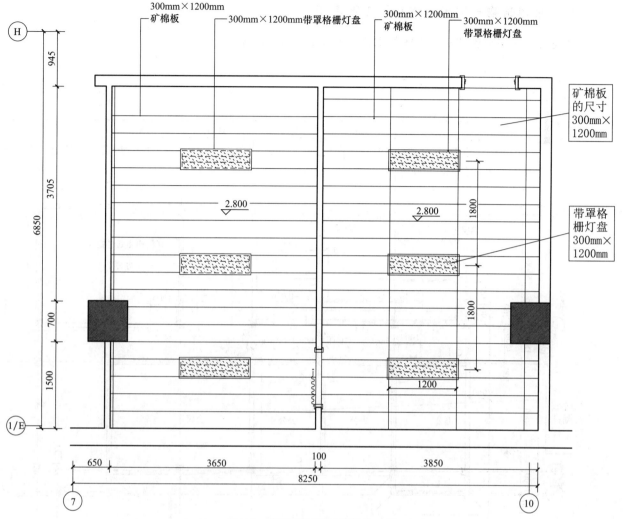

图 5-2　某建筑标准层天棚施工图

个带罩格栅灯盘的面积；6 为图中格栅灯盘的个数；0.300 为带罩格栅灯盘的宽度，1.200 为带罩格栅灯盘的长度。

#### 2. 工程量套价

图 5-2 工程量计算得出的数据代入表 5-6 中，即可得到该部分工程量的价格。

表 5-6　天棚工程计价表

| 序号 | 项目编码 | 名 称 | 项目特征描述 | 计量单位 | 工程量 | 综合单价 | 合价 | 其中 暂估价 |
|---|---|---|---|---|---|---|---|---|
| 1 | 011302001037 | 图 5-2 中天棚矿棉板工程量 | (1)龙骨材料种类、规格、中距：轻钢龙骨<br>(2)面层材料品种、规格：矿棉板 | m² | 54.35 | 110.87 | 6025.78 | — |

注：1. 表中的工程量是依据图 5-2 中工程量计算得出的数据。

2. 表中的综合单价是根据 2010 年《黑龙江省建设工程计价依据》得出的，在计算过程中可根据该工程所使用的定额计算出综合单价。

## 五、某建筑物一层天棚抹灰施工图识读

某建筑物一层天棚抹灰施工图的识读以图 5-3 为例进行解读。

图 5-3 识读要点：通过阅读天棚施工图可以得出每个房间及部位天棚的具体做法及所使用的装饰材料，其中吊顶的具体做法及尺寸应参见图纸设计说明或施工说明。

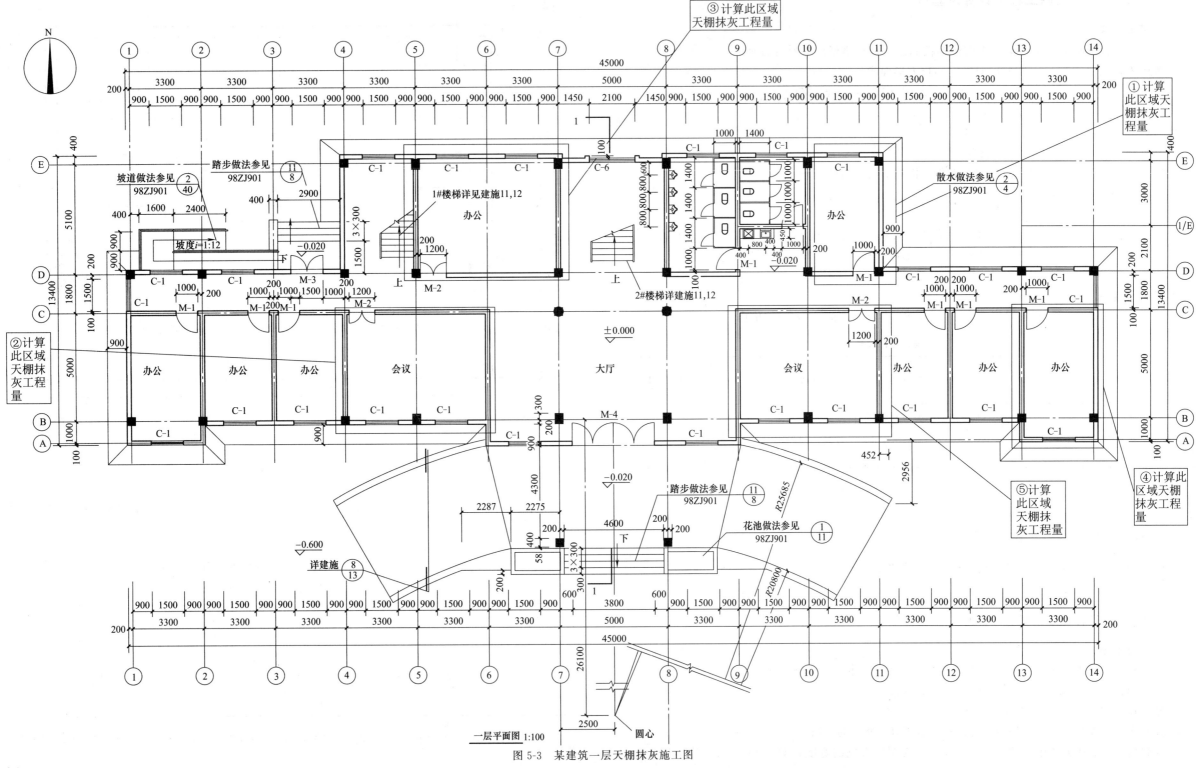

图 5-3　某建筑一层天棚抹灰施工图

## 六、某建筑物一层天棚抹灰工程量计算及套价

### 1. 工程量计算

① 办公室天棚抹灰工程量计算

天棚抹灰面积＝长×宽＝(3.000＋2.100)×3.300＝16.83(m²)

天棚装饰面积＝长×宽＝(3.000＋2.100)×3.300＝16.83(m²)

天棚投影面积＝长×宽＝(3.000＋21.00)×3.300＝16.83(m²)

计算解析：(3.000＋2.100)m 为办公室的长度；3.300m 为办公室的宽度。

② 会议室天棚抹灰工程量计算

天棚抹灰面积＝长×宽＝(3.300＋3.300)×5.000＝33(m²)

天棚装饰面积＝长×宽＝(3.300＋3.300)×5.000＝33(m²)

天棚投影面积＝长×宽＝(3.300＋3.300)×5.000＝33(m²)

计算解析：(3.000＋3.300)m 为会议室的长度，5.000m 为会议室的宽度。

③ ⑤～⑦轴交Ⓓ～Ⓔ轴办公室天棚抹灰工程量计算

天棚抹灰面积＝长×宽＝(3.300＋3.300)×5.100＝33.66(m²)

天棚装饰面积＝长×宽＝(3.300＋3.300)×5.100＝33.66(m²)

天棚投影面积＝长×宽＝(3.300＋3.300)×5.100＝33.66(m²)

计算解析：(3.300＋3.300)m 为图中⑤～⑦轴交Ⓓ～Ⓔ轴办公室天棚的长度；5.100m 为图中⑤～⑦轴交Ⓓ～Ⓔ轴办公室天棚的宽度。

④ ⑬～⑭轴交Ⓐ～Ⓒ轴办公室天棚抹灰工程量计算

天棚抹灰面积＝长×宽＝(5.000＋1.000)×3.300＝19.8(m²)

天棚装饰面积＝长×宽＝(5.000＋1.000)×3.300＝19.8(m²)

天棚投影面积＝长×宽＝(5.000＋1.000)×3.300＝19.8(m²)

计算解析：(5.000＋1.000)m 为图中⑬～⑭轴交Ⓐ～Ⓒ轴办公室的长度；3.300m 为会议室的宽度。

⑤ ⑨～⑪轴交Ⓑ～Ⓒ轴会议室天棚抹灰工程量计算

天棚抹灰面积＝长×宽＝(3.300＋3.300)×5.000＝33(m²)

天棚装饰面积＝长×宽＝(3.300＋3.300)×5.000＝33(m²)

天棚投影面积＝长×宽＝(3.300＋3.300)×5.000＝33(m²)

计算解析：(3.000＋3.300)m 为会议室的长度；5.000m 为会议室的宽度。

### 2. 工程量套价

把图5-3工程量计算得出的数据代入表5-7中，即可得到该部分工程量的价格。

表 5-7　天棚抹灰工程计价表

| 序号 | 项目编码 | 名称 | 项目特征描述 | 计量单位 | 工程量 | 金额/元 | | |
| --- | --- | --- | --- | --- | --- | --- | --- | --- |
| | | | | | | 综合单价 | 合价 | 其中暂估价 |
| 1 | 011407001001 | 图5-3中①天棚抹灰 | (1)3～5mm 厚底基防裂腻子分遍找平 (2)2mm 厚面层耐水腻子刮平 | m² | 16.83 | 4.74 | 79.77 | |
| 2 | 011407001001 | 图5-3中②天棚抹灰 | (1)3～5mm 厚底基防裂腻子分遍找平 (2)2mm 厚面层耐水腻子刮平 (3)涂料饰面 | m² | 33.00 | 4.74 | 156.42 | |
| 3 | 011407001001 | 图5-3中③天棚抹灰 | (1)3～5mm 厚底基防裂腻子分遍找平 (2)2mm 厚面层耐水腻子刮平 | m² | 33.66 | 4.74 | 159.55 | |
| 4 | 011407001001 | 图5-3中④天棚抹灰 | (1)3～5mm 厚底基防裂腻子分遍找平 (2)2mm 厚面层耐水腻子刮平 (3)涂料饰面 | m² | 19.8 | 4.74 | 93.85 | |
| 5 | 011407001001 | 图5-3中⑤天棚抹灰 | (1)3～5mm 厚底基防裂腻子分遍找平 (2)2mm 厚面层耐水腻子刮平 (3)涂料饰面 | m² | 33 | 4.74 | 156.42 | |

注：1. 表中的工程量是根据图5-3中工程量计算得出的数据。

2. 表中的综合单价是根据2010年《黑龙江省建设工程计价依据》得出的，在计算过程中可根据该工程所使用的定额计算出综合单价。

## 七、某建筑物标准层天棚抹灰施工图识读

某建筑物标准层天棚抹灰施工图的识读以图 5-4 为例进行解读。

图 5-4 识读要点：参见图 5-3 的识读要点。

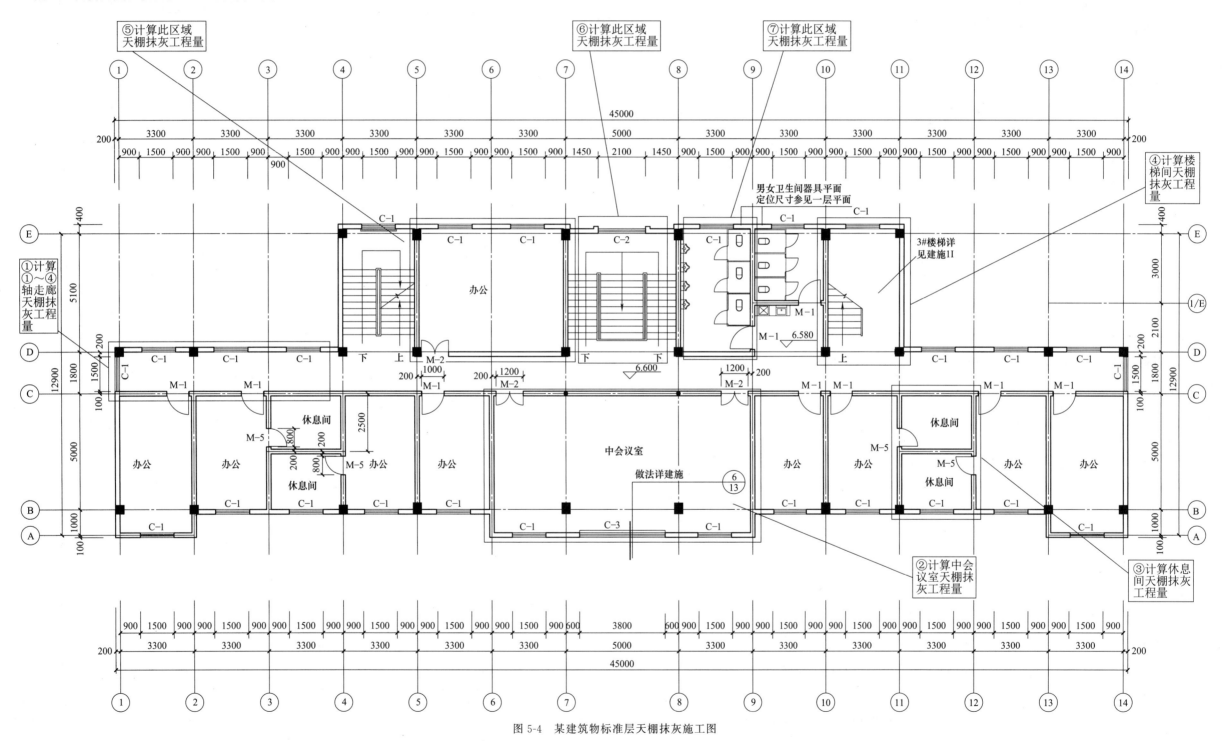

图 5-4 某建筑物标准层天棚抹灰施工图

**八、某建筑物标准层天棚抹灰工程量计算及套价**

**1. 工程量计算**

① ①~④轴走廊天棚抹灰工程量

天棚抹灰面积＝长×宽＝(3.300＋3.300＋3.300)×1.800＝17.82(m²)

天棚装饰面积＝长×宽＝(3.300＋3.300＋3.300)×1.800＝17.82(m²)

天棚投影面积＝长×宽＝(3.300＋3.300＋3.300)×1.800＝17.82(m²)

计算解析：(3.300＋3.300＋3.300)m 为①~④轴走廊的长度，1.800m 为①~④轴走廊的宽度（mm）。

② 中会议室天棚抹灰工程量

天棚抹灰面积＝长×宽＝(3.300＋5.000＋3.300)×(5.000＋1.000)＝69.6(m²)

天棚装饰面积＝长×宽＝(3.300＋5.000＋3.300)×(5.000＋1.000)＝69.6(m²)

天棚投影面积＝长×宽＝(3.300＋5.000＋3.300)×(5.000＋1.000)＝69.6(m²)

计算解析：(3.300＋5.000＋3.300)m 为中会议室的长度；(5.000＋1.000)m 为中会议室的宽度。

③ 休息间天棚抹灰工程量

天棚抹灰面积＝长×宽＝3.300×5.000＝16.5(m²)

天棚装饰面积＝长×宽＝3.300×5.000＝16.5(m²)

天棚投影面积＝长×宽＝3.300×5.000＝16.5(m²)

计算解析：3.300m 为休息间的宽度；5.000m 为休息间的长度。

④ 楼梯间天棚抹灰工程量

天棚抹灰面积＝长×宽＝3.300×5.100＝16.83(m²)

天棚装饰面积＝长×宽＝3.300×5.100＝16.83(m²)

天棚投影面积＝长×宽＝3.300×5.100＝16.83(m²)

计算解析：5.100m 为图中标注楼梯间的长度；3.300m 为图中标注楼梯间的宽度。

⑤ ⑤~⑦轴交Ⓓ~Ⓔ轴办公室天棚抹灰工程量计算

天棚抹灰面积＝长×宽＝(3.300＋3.300)×5.100＝33.66(m²)

天棚装饰面积＝长×宽＝(3.300＋3.300)×5.100＝33.66(m²)

天棚投影面积＝长×宽＝(3.300＋3.300)×5.100＝33.66(m²)

计算解析：(3.300＋3.300)为图中⑤~⑦轴交Ⓓ~Ⓔ轴办公室天棚的长度；5.100m 为图中⑤~⑦轴交Ⓓ~Ⓔ轴办公室天棚的宽度。

⑥ ⑦~⑧轴交Ⓓ~Ⓔ轴楼梯间天棚抹灰工程量

天棚抹灰面积＝长×宽＝5.000×5.100＝25.5(m²)

天棚装饰面积＝长×宽＝5.000×5.100＝25.5(m²)

天棚投影面积＝长×宽＝5.000×5.100＝25.5(m²)

计算解析：5.000m 为图中标注⑦~⑧轴交Ⓓ~Ⓔ轴楼梯的宽度；5.100m 为图中标注⑦~⑧轴交Ⓓ~Ⓔ轴楼梯间的长度。

⑦ ⑧~⑨轴交Ⓓ~Ⓔ轴卫生间天棚抹灰工程量

天棚抹灰面积＝长×宽＝3.300×5.100＝16.83(m²)

天棚装饰面积＝长×宽＝3.300×5.100＝16.83(m²)

天棚投影面积＝长×宽＝3.300×5.100＝16.83(m²)

计算解析：3.300m 为图中标注⑧~⑨轴交Ⓓ~Ⓔ轴卫生间的宽度；5.100m 为图中标注⑧~⑨轴交Ⓓ~Ⓔ轴卫生间的长度。

**2. 工程量套价**

把图 5-4 工程量计算得出的数据代入表 5-8 中，即可得到该部分工程量的价格。

表 5-8　天棚抹灰工程计价表

| 序号 | 项目编码 | 名　称 | 项目特征描述 | 计量单位 | 工程量 | 综合单价 | 合价 | 暂估价 |
|---|---|---|---|---|---|---|---|---|
| | | | | | | 金额/元 | | 其中 |
| 1 | 011407001001 | 图 5-4 中①天棚抹灰 | (1)3~5mm 厚底基防裂腻子分遍找平 (2)2mm 厚面层耐水腻子刮平 | m² | 17.82 | 4.74 | 84.47 | |
| 2 | 011407001001 | 图 5-4 中②天棚抹灰 | (1)3~5mm 厚底基防裂腻子分遍找平 (2)2mm 厚面层耐水腻子刮平 | m² | 69.6 | 4.74 | 329.90 | |
| 3 | 011407001001 | 图 5-4 中③天棚抹灰 | (1)3~5mm 厚底基防裂腻子分遍找平 (2)2mm 厚面层耐水腻子刮平 | m² | 16.5 | 4.74 | 78.21 | |
| 4 | 011407001001 | 图 5-4 中④天棚抹灰 | (1)3~5mm 厚底基防裂腻子分遍找平 (2)2mm 厚面层耐水腻子刮平 | m² | 16.83 | 4.74 | 79.77 | |
| 5 | 011407001001 | 图 5-4 中⑤天棚抹灰 | (1)3~5mm 厚底基防裂腻子分遍找平 (2)2mm 厚面层耐水腻子刮平 | m² | 33.66 | 4.74 | 159.55 | |
| 6 | 011407001001 | 图 5-4 中⑥天棚抹灰 | (1)3~5mm 厚底基防裂腻子分遍找平 (2)2mm 厚面层耐水腻子刮平 | m² | 25.5 | 4.74 | 120.87 | |
| 7 | 011407001001 | 图 5-4 中⑦天棚抹灰 | (1)3~5mm 厚底基防裂腻子分遍找平 (2)2mm 厚面层耐水腻子刮平 | m² | 16.83 | 4.74 | 79.77 | |

注：1. 表中的工程量是根据图 5-4 中工程量计算得出的数据。

2. 表中的综合单价是根据 2010 年《黑龙江省建设工程计价依据》得出的，在计算过程中可根据该工程所使用的定额计算出综合单价。

# 第六章　门窗工程

## 第一节　门窗工程量计算规则解析

### 1. 木门

根据《房屋建筑与装饰工程工程量计算规范》（GB 50854—2013）的规定，天棚其他装饰工程量计算规则见表 6-1。

表 6-1　天棚其他装饰工程量计算规则　　（编码：010801）

| 项目编码 | 项目名称 | 计量单位 | 计 算 规 则 |
|---|---|---|---|
| 010801001 | 木质门 | (1)樘<br>(2)m² | (1)以樘计量,按设计图示数量计算<br>(2)以立方米计量,按设计图示洞口尺寸以面积计算 |
| 010801002 | 木质门带套 | | |
| 010801003 | 木质连窗门 | | |
| 010801004 | 木质防火门 | | |
| 010801005 | 木质框 | (1)樘<br>(2)m | (1)以樘计量,按设计图示数量计算<br>(2)以米计量,按设计图示框的中心线以延长米计算 |
| 010801006 | 门锁安装 | 个(套) | 按设计图示数量计算 |

### 2. 金属门

根据《房屋建筑与装饰工程工程量计算规范》（GB 50854—2013）的规定，金属门工程量计算规则见表 6-2。

表 6-2　金属门工程量计算规则　　（编码：010802）

| 项目编码 | 项目名称 | 计量单位 | 计 算 规 则 |
|---|---|---|---|
| 010802001 | 金属(塑钢)门 | (1)樘<br>(2)m² | (1)以樘计量,按设计图示数量计算<br>(2)以平方米计量,按设计图示洞口尺寸以面积计算 |
| 010802002 | 彩钢门 | | |
| 010802003 | 钢质防火门 | | |
| 010802004 | 防盗门 | | |

### 3. 金属卷帘门

根据《房屋建筑与装饰工程工程量计算规范》（GB 50854—2013）的规定，金属卷帘门工程量计算规则见表 6-3。

表 6-3　金属卷帘门工程量计算规则　　（编码：010803）

| 项目编码 | 项目名称 | 计量单位 | 计 算 规 则 |
|---|---|---|---|
| 011803001 | 金属卷帘门 | (1)樘<br>(2)m² | (1)以樘计量,按设计图示数量计算<br>(2)以平方米计量,按设计图示洞口尺寸以面积计算 |
| 011803002 | 防火卷帘门 | | |

### 4. 厂房库大门、特种门

根据《房屋建筑与装饰工程工程量计算规范》（GB 50854—2013）的规定，厂房库大门、特种门工程量计算规则见表 6-4。

表 6-4　厂房库大门、特种门工程量计算规则　　（编码：010804）

| 项目编码 | 项目名称 | 计量单位 | 计 算 规 则 |
|---|---|---|---|
| 010804001 | 木质大门 | (1)樘<br>(2)m² | (1)以樘计量,按设计图示数量计算<br>(2)以平方米计量,按设计图示洞口尺寸以面积计算 |
| 010804002 | 钢木大门 | | |
| 010804003 | 全钢板大门 | | |
| 010804004 | 防护铁丝门 | | (1)以樘计量,按设计图示数量计算<br>(2)以平方米计量,按设计图示门框或扇以面积计算 |
| 010804005 | 金属格栅门 | | (1)以樘计量,按设计图示数量计算<br>(2)以平方米计量,按设计图示洞口尺寸以面积计算 |
| 010804006 | 钢质花饰大门 | | (1)以樘计量,按设计图示数量计算<br>(2)以平方米计量,按设计图示门框或扇以面积计算 |
| 010804007 | 特种门 | | (1)以樘计量,按设计图示数量计算<br>(2)以平方米计量,按设计图示洞口尺寸以面积计算 |

### 5. 其他门

根据《房屋建筑与装饰工程工程量计算规范》（GB 50854—2013）的规定，其他门工程量计算规则见表 6-5。

表 6-5　其他门工程量计算规则　　（编码：010805）

| 项目编码 | 项目名称 | 计量单位 | 计 算 规 则 |
|---|---|---|---|
| 010805001 | 电子感应门 | (1)樘<br>(2)m² | (1)以樘计量,按设计图示数量计算<br>(2)以平方米计量,按设计图示洞口尺寸以面积计算 |
| 010805002 | 旋转门 | | |
| 010805003 | 电子对讲门 | | |
| 010805004 | 电动伸缩门 | | |
| 010805005 | 全玻自由门 | | |
| 010805006 | 镜面不锈钢饰面门 | | |
| 010805007 | 复合材料门 | | |

### 6. 木窗

根据《房屋建筑与装饰工程工程量计算规范》（GB 50854—2013）的规定，木窗工程量计算规则见表 6-6。

表 6-6　木窗工程量计算规则　　（编码：010806）

| 项目编码 | 项目名称 | 计量单位 | 计 算 规 则 |
|---|---|---|---|
| 010806001 | 木质窗 | (1)樘<br>(2)m² | (1)以樘计量,按设计图示数量计算<br>(2)以平方米计量,按设计图示洞口尺寸以面积计算 |
| 010806002 | 木飘窗 | | (1)以樘计量,按设计图示数量计算<br>(2)以平方米计量,按设计图示尺寸以框外围展开面积计算 |
| 010806003 | 木橱窗 | | |
| 010806004 | 木纱窗 | | (1)以樘计量,按设计图示数量计算<br>(2)以平方米计量,按框的外围尺寸以面积计算 |

**7. 金属窗**

根据《房屋建筑与装饰工程工程量计算规范》(GB 50854—2013)的规定,金属窗工程量计算规则见表6-7。

表6-7 金属窗工程量计算规则　　　　　　　　　　(编码:010807)

| 项目编码 | 项目名称 | 计量单位 | 计算规则 |
|---|---|---|---|
| 010807001 | 金属(塑钢、断桥)窗 | | (1)以樘计量,按设计图示数量计算<br>(2)以平方米计量,按设计图示洞口尺寸以面积计算 |
| 010807002 | 金属防火窗 | | |
| 010807003 | 金属百叶窗 | (1)樘<br>(2)m² | (1)以樘计量,按设计图示数量计算<br>(2)以平方米计量,按设计图示洞口尺寸以面积计算 |
| 010807004 | 金属纱窗 | | (1)以樘计量,按设计图示数量计算<br>(2)以平方米计量,按框的外围尺寸以面积计算 |
| 010807005 | 金属格栅窗 | | (1)以樘计量,按设计图示数量计算<br>(2)以平方米计量,按设计图示洞口尺寸以面积计算 |
| 010807006 | 金属(塑钢、断桥)橱窗 | | (1)以樘计量,按设计图示数量计算<br>(2)以平方米计量,按设计图示洞口尺寸以面积计算 |
| 010807007 | 金属(塑钢、断桥)飘窗 | | (1)以樘计量,按设计图示数量计算<br>(2)以平方米计量,按设计图示洞口尺寸以框外围展开面积计算 |

# 第二节　门窗工程造价实例

## 一、门窗统计表及详图识读

门窗统计表及详图的识读以图6-1为例进行解读。

图6-1识读要点:

(1)通过门窗统计表可得知门和窗的尺寸及工程中每种门窗的数量、具体施工做法选用的图集;

(2)通过门详图可以得知门的宽度、高度以及细节部分的具体尺寸;

(3)通过窗详图可得知窗的宽度、长度、细节尺寸以及具体的造型。

## 二、门窗详图工程量计算及套价

### 1. 工程量计算

M-1 工程量=1.000×2.400×27=64.8(m²)

计算解析:1.000m为门的宽度;2.400为门的高度;27为门在统计表中的个数。

M-2 工程量=1.200×2.400×8=23.04(m²)

计算解析:1.200m为门的宽度;2.400为门的高度;8为门在统计表中的个数。

M-5 工程量=0.800×2.100×8=13.44(m²)

计算解析:0.800m为门的宽度;2.100m为门的高度;8为门在统计表中的个数。

C-1 工程量=1.500×1.800×75=202.5(m²)

计算解析:1.500m为窗的宽度,1.800m为窗的高度;75为窗在统计表中的个数。

C-2 工程量=1.800×2.100×2=7.56(m²)

计算解析:1.800m为窗的宽度;2.100m为窗的高度;2为窗在统计表中的个数。

门窗统计表

| 类型 | 编号 | 洞口尺寸W×H /mm | 数量 | 选用标准图集 | 备注 |
|---|---|---|---|---|---|
| 门 | M-1 | 1000×2400 | 27 | 98ZJ681-GJM-304 | 夹板门 |
| | M-2 | 1200×2400 | 8 | 98ZJ681-GJM-323a | 夹板门 |
| | M-3 | 1500×2400 | 1 | 92SJ704(-)-PSM3-45 | 塑钢门 |
| | M-4 | 3800×2700 | 1 | 参详图 | 塑钢门刚化玻璃 |
| | M-5 | 800×2100 | 8 | 98ZJ681-GJM-304 | 夹板门 |
| | M-6 | 1600×2400 | 2 | 92SJ704(-)-PSM3-45 | 夹板门 |
| 窗 | C-1 | 1500×1800 | 75 | 参92SJ704(-)-TSC-78 | 塑钢窗高改为窗1800 |
| | C-2 | 2100×1800 | 2 | 参92SJ704(-)-TSC-80 | 塑钢窗高改为窗1800 |
| | C-3 | 详门窗立面 | 1 | 玻璃幕墙应由专业厂家参照本图深化设计 | |
| | C-4 | R=500 | 2 | 详门窗立面 | 固定塑钢窗 |
| | C-5 | 详门窗立面 | 12 | 详门窗立面 | 塑钢窗 |
| | C-6 | 2100×1900 | 1 | 92SJ704(-)-TSC-80 | 塑钢窗高改为窗1900 |

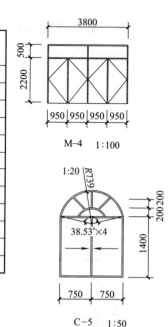

图6-1 门窗统计表及门窗详图

C-6 工程量=1.900×2.100×1=3.99(m²)

计算解析:1.900m为窗的宽度;2.100m为窗的高度;1为窗在统计表中的个数。

### 2. 工程量套价

把图6-1工程量计算得出的数据代入表6-8中,即可得到该部分工程量的价格。

表6-8 门窗工程计价表

| 序号 | 项目编码 | 名 称 | 项目特征描述<br>(洞口尺寸)/mm | 计量单位 | 工程量 | 综合单价 | 合价 | 其中<br>暂估价 |
|---|---|---|---|---|---|---|---|---|
| 1 | 010807001001 | M-1 | 1000×2400 | 樘 | 27 | 1200 | 32400 | |
| 2 | 010807001002 | M-2 | 1200×2400 | 樘 | 8 | 1540 | 12320 | |
| 3 | 010807001003 | M-5 | 800×2100 | 樘 | 8 | 1000 | 8000 | |
| 4 | 010802003001 | C-1 | 1500×1800 | 樘 | 75 | 900 | 67500 | |
| 5 | 010802003002 | C-2 | 2100×1800 | 樘 | 2 | 1400 | 2800 | |
| 6 | 010802003003 | C-6 | 2100×1900 | 樘 | 1 | 1550 | 1550 | |

注:1. 表中的工程量是根据图6-1中工程量计算得出的数据。

2. 表中的综合单价是根据2010年《黑龙江省建设工程计价依据》得出的,在计算过程中可根据该工程所使用的定额计算出综合单价。

29

**三、某建筑物标准层门窗施工图识读**

某建筑物标准层门窗施工图的识读以图 6-2 为例进行解读。

图 6-2 识读要点：首先明确每种门窗的数量，C-1 共计 27 樘、C-2 共计 1 樘、C-3 共计 1 樘、M-1 共计 9 樘、M-2 共计 3 樘、M-5 共计 5 樘。最后通过门窗表得出每种门窗的具体尺寸。

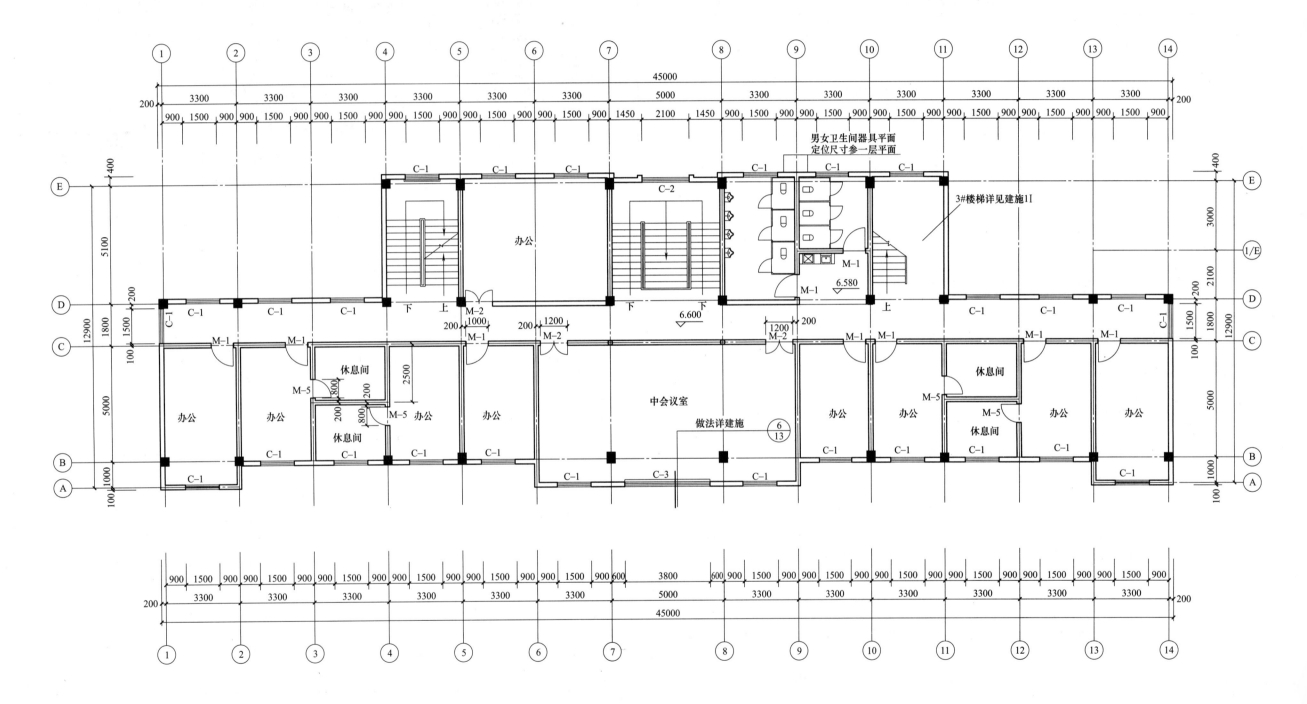

图 6-2　某建筑物标准层门窗施工图

## 四、某建筑物标准层门窗工程量计算及套价

### 1. 工程量计算

M-1 工程量＝1.000×2.400×9＝21.6（m²）

计算解析：1.000m 为门的宽度；2.400m 为门的高度；9 为门在图 6-2 中的个数。

M-2 工程量＝1.200×2.400×3＝8.64（m²）

计算解析：1.200m 为门的宽度；2.400m 为门的高度；3 为门在图 6-2 中的个数。

M-5 工程量＝0.800×2.100×5＝8.4（m²）

计算解析：0.800m 为门的宽度；2.100m 为门的高度；5 为门在图 6-2 中的个数。

M-6 工程量＝1.600×2.400×2＝76.8（m²）

计算解析：1.600m 为门的宽度；2.400m 为门的高度；2 为门在统计表中的个数。

C-1 工程量＝1.500×1.800×27＝72.9（m²）

计算解析：1.500m 为窗的宽度；1.800m 为窗的高度；27 为窗在图 6-2 中的个数。

C-2 工程量＝1.800×2.100×1＝3.78（m²）

计算解析：1.800m 为窗的宽度；2.100m 为窗的高度；1 为窗在图 6-2 中的个数。

C-3 工程量＝1.500×1.800×1＝2.7（m²）

计算解析：1.500m 为窗的宽度；1.800m 为窗的高度；1 为窗在图 6-2 中的个数。

C-4 工程量＝1.000×2.400×2＝48（m²）

计算解析：1.000m 为窗的宽度；2.400m 为窗的高度；2 为窗在统计表中的个数。

C-5 工程量＝1.500×2.100×12＝37.8（m²）

计算解析：1.500m 为窗的宽度；2.100m 为窗的高度；12 为窗在统计表中的个数。

### 2. 工程量套价

把图 6-2 工程量计算得出的数据代入表 6-9 中，即可得到该部分工程量的价格。

表 6-9　门窗工程计价表

| 序号 | 项目编码 | 名　称 | 项目特征描述（洞口尺寸）/mm | 计量单位 | 工程量 | 综合单价 | 合价 | 其中 暂估价 |
|---|---|---|---|---|---|---|---|---|
| 1 | 010807001001 | M-1 | 1000×2400 | 樘 | 9 | 1200 | 10800 | |
| 2 | 010807001002 | M-2 | 1200×2400 | 樘 | 3 | 1540 | 4620 | |
| 3 | 010807001003 | M-5 | 800×2100 | 樘 | 5 | 1000 | 5000 | |
| 4 | 010807001004 | M-6 | 1600×2400 | 樘 | 2 | 1200 | 2400 | |
| 5 | 010802003001 | C-1 | 1500×1800 | 樘 | 27 | 900 | 24300 | |
| 6 | 010802003002 | C-2 | 2100×1800 | 樘 | 1 | 1400 | | |
| 7 | 010802003003 | C-3 | 1500×1800 | 樘 | 1 | 950 | 950 | |
| 8 | 010802003004 | C-4 | 1000×2400 | 樘 | 2 | 1400 | 2800 | |
| 9 | 010802003005 | C-5 | 2100×1500 | 樘 | 12 | 1550 | 18600 | |

注：1. 表中的工程量是根据图 6-2 中工程量计算得出的数据。

2. 表中的综合单价是根据 2010 年《黑龙江省建设工程计价依据》得出的，在计算过程中可根据该工程所使用的定额计算出综合单价。

# 第七章　油漆、涂饰及裱糊工程

## 第一节　油漆、涂饰及裱糊工程量计算规则解析

### 1. 门油漆

根据《房屋建筑与装饰工程工程量计算规范》（GB 50854—2013）的规定，门油漆工程量计算规则见表 7-1。

表 7-1　门油漆工程量计算规则　　（编码：011401）

| 项目编码 | 项目名称 | 计量单位 | 计算规则 |
|---|---|---|---|
| 011401001 | 木门油漆 | (1)樘 | (1)以樘计量，按设计图示数量计算 |
| 011401002 | 金属门油漆 | (2)m² | (2)以平方米计量，按设计图示洞口尺寸以面积计算 |

**规则解析**

（1）木门油漆应区分木大门、单层木门、双层（一玻一纱）木门、双层（单裁口）木门、全玻自由门、半玻自由门、装饰门及有框门或无框门等项目，分别编码列项。

（2）金属门油漆应区分平开门、推拉门、钢制防火门等项目，分别编码列项。

（3）以平方米计量，项目特征可不必描述洞口尺寸。

### 2. 窗油漆

根据《房屋建筑与装饰工程工程量计算规范》（GB 50854—2013）的规定，窗油漆工程量计算规则见表 7-2。

表 7-2　窗油漆工程量计算规则　　（编码：011402）

| 项目编码 | 项目名称 | 计量单位 | 计算规则 |
|---|---|---|---|
| 011402001 | 木窗油漆 | (1)樘 | (1)以樘计量，按设计图示数量计算 |
| 011402002 | 金属窗油漆 | (2)m² | (2)以平方米计量，按设计图示洞口尺寸以面积计算 |

**规则解析**

（1）木窗油漆应区分单层木门、双层（一玻一纱）木窗、双层框扇（单裁口）木窗、双层框扇（单裁口）木窗、双层框三层（二玻一纱）木窗、单层组合窗、双层组合窗、木百叶窗、木推拉窗等项目，分别编码列项。

（2）金属窗油漆应区分平开窗、推拉窗、固定窗、组合窗、金属隔栅窗等项目，分别编码列项。

（3）以平方米计量，项目特征可不必描述洞口尺寸。

### 3. 木扶手及其他板条、线条油漆

根据《房屋建筑与装饰工程工程量计算规范》（GB 50854—2013）的规定，木扶手及其他板条、线条油漆工程量计算规则见表 7-3。

**表 7-3 木扶手及其他板条、线条油漆工程量计算规则** （编码：011403）

| 项目编码 | 项目名称 | 计量单位 | 计 算 规 则 |
|---|---|---|---|
| 011403001 | 木扶手油漆 | m | 按设计图示尺寸以长度计算 |
| 011403002 | 窗帘盒油漆 | | |
| 011403003 | 封檐板、顺水板油漆 | | |
| 011403004 | 挂衣板、黑板框油漆 | | |
| 011403005 | 挂镜线、窗帘棍、单独木线油漆 | | |

**规则解析**

木扶手应区分带托板与不带托板，分别编码列项，应包含在木栏杆油漆中。

### 4. 木材面油漆

根据《房屋建筑与装饰工程工程量计算规范》（GB 50854—2013）的规定，木材面油漆工程量计算规则见表 7-4。

**表 7-4 木材面油漆工程量计算规则** （编码：011404）

| 项目编码 | 项目名称 | 计量单位 | 计 算 规 则 |
|---|---|---|---|
| 011404001 | 木护墙、木墙裙油漆 | | 按设计图示尺寸以面积计算 |
| 011404002 | 窗台板、筒子板、门窗套、踢脚线油漆 | | |
| 011404003 | 清水板条天棚、檐口油漆 | | |
| 011404004 | 木方格吊顶天棚油漆 | | |
| 011404005 | 吸声板墙面、天棚面油漆 | | |
| 011404006 | 暖气罩油漆 | | |
| 011404007 | 其他木材面 | m² | |
| 011404008 | 木间壁、木隔断油漆 | | 按设计图示尺寸以单面外围面积计算 |
| 011404009 | 玻璃间壁露明墙筋油漆 | | |
| 011404010 | 木栅栏、木栏杆油漆 | | |
| 011404011 | 衣柜、壁柜油漆 | | 按设计图示尺寸以油漆部分展开面积计算 |
| 011404012 | 梁柱饰面油漆 | | |
| 011404013 | 零星木装修油漆 | | |
| 011404014 | 木地板油漆 | | 按设计图示尺寸以面积计算。空洞、空圈、暖气包槽等并入相应的工程量内 |
| 011404015 | 木地板烫硬蜡面 | | |

### 5. 金属面油漆

根据《房屋建筑与装饰工程工程量计算规范》（GB 50854—2013）的规定，金属面油漆工程量计算规则见表 7-5。

**表 7-5 金属面油漆工程量计算规则** （编码：011405）

| 项目编码 | 项目名称 | 计量单位 | 计 算 规 则 |
|---|---|---|---|
| 011405001 | 金属面油漆 | (1) t<br>(2) m² | (1)以吨计量，按设计图示以质量计算<br>(2)以平方米计量，按设计图示展开面积计算 |

### 6. 抹灰面油漆

根据《房屋建筑与装饰工程工程量计算规范》（GB 50854—2013）的规定，抹灰面油漆工程量计算规则见表 7-6。

**表 7-6 抹灰面油漆工程量计算规则** （编码：011406）

| 项目编码 | 项目名称 | 计量单位 | 计 算 规 则 |
|---|---|---|---|
| 011406001 | 抹灰面油漆 | m² | 按设计图示尺寸以面积计算 |
| 011406002 | 抹灰线条油漆 | m | 按设计图示尺寸以长度计算 |
| 011406003 | 满刮腻子 | m² | 按设计图示尺寸以面积计算 |

### 7. 喷刷涂漆

根据《房屋建筑与装饰工程工程量计算规范》（GB 50854—2013）的规定，喷刷涂漆工程量计算规则见表 7-7。

**表 7-7 喷刷涂漆工程量计算规则** （编码：011407）

| 项目编码 | 项目名称 | 计量单位 | 计 算 规 则 |
|---|---|---|---|
| 011407001 | 墙面喷刷涂料 | m² | 按设计图示尺寸以面积计算 |
| 011407002 | 天棚喷刷涂料 | | |
| 011407003 | 空花格、栏杆刷涂料 | | 按设计图示尺寸以单面外围面积计算 |
| 011407004 | 线条刷涂料 | m | 按设计图示尺寸以长度计算 |
| 011407005 | 金属构件刷防火涂料 | (1) t<br>(2) m² | (1)以吨计量，按设计图例尺寸以质量计算<br>(2)以平方米计量，按设计展开面积计算 |
| 011407006 | 木材构件喷刷防火涂料 | m² | 以平方米计量，按设计图示尺寸以面积计算 |

**规则解析**

喷刷墙面涂料部位要注明内墙或外墙。

### 8. 裱糊

根据《房屋建筑与装饰工程工程量计算规范》（GB 50854—2013）的规定，裱糊工程量计算规则见表 7-8。

**表 7-8 裱糊工程量计算规则** （编码：011408）

| 项目编码 | 项目名称 | 计量单位 | 计 算 规 则 |
|---|---|---|---|
| 011408001 | 墙纸裱糊 | m² | 按设计图示以面积计算 |
| 011408002 | 织锦缎裱糊 | | |

# 第二节　油漆、涂饰及裱糊工程造价实例

## 一、某吧台油漆施工图识读

某吧台油漆施工图的识读以图 7-1 为例进行解读。

图 7-1 识读要点：首先应明确吧台涂刷油漆的尺寸，其次从施工设计说明中查出具体涂刷方法等内容。

## 二、某吧台油漆工程量计算及套价

### 1. 工程量计算

吧台油漆工程量＝小长方形面积＋大长方形面积＝（1.610×0.620）＋3.300×（0.720＋0.330－0.100－0.040）＝0.998＋3.003（m²）＝4.001（m²）

计算解析：1.610m 为小长方形的长度；0.620m 为小长方形的宽度；3.300m 为大长方形的

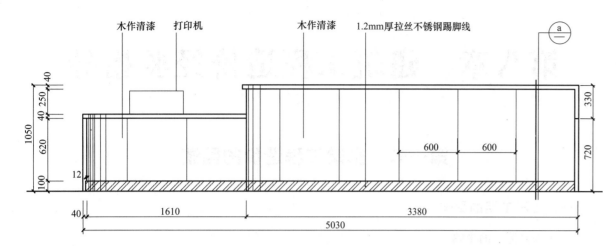

图 7-1 某吧台施工图

长度；(0.720＋0.330－0.100－0.040)m 为大长方形的宽度；0.040 为台面厚度；0.100 为踢脚线的高度。

#### 2. 工程量套价

把图 7-1 工程计算得出的数据代入表 7-9 中，即可得到该部分工程量的价格。

表 7-9 油漆工程计价表

| 序号 | 项目编码 | 名　称 | 项目特征描述 | 计量单位 | 工程量 | 金额/元 | | |
|---|---|---|---|---|---|---|---|---|
| | | | | | | 综合单价 | 合价 | 其中<br>暂估价 |
| 1 | 011405001 | 图 7-1 中吧台油漆工程量 | 吧台刷木作清漆 | m² | 4.001 | 94.68 | 378.81 | |

注：1. 表中的工程量是根据图 7-1 中工程量计算得出的数据。
2. 表中的综合单价是根据 2010 年《黑龙江省建设工程计价依据》得出的，在计算过程中可根据该工程所使用的定额计算出综合单价。

#### 三、某建筑物墙面涂饰施工图识读

某建筑物墙面涂饰施工图的识读以图 7-2 为例进行解读。

图 7-2 识读要点：首先应明确涂饰油漆的面积，其次通过施工做法得出涂刷的具体做法及要求，最后计算出图中门所占的面积。

#### 四、某建筑物墙面涂饰工程量计算及套价

##### 1. 工程量计算（以图 7-2 为例）

涂饰工程量＝墙面涂饰面积－门所占的面积－墙裙的面积

$$= (2.950 \times 10.400) - [(1.400 + 0.080) + 0.080 \times 2.100] - [0.770 \times 1.160 + (4.910 + 3.160) \times 1.160]$$

$$= 17.15 (\text{m}^2)$$

计算解析：1.160m 为墙裙的高度；2.100m 为门的高度；0.080m 为门边的宽度；0.770m、4.910m、3.160m 均为图中墙裙所对应的宽度。

##### 2. 工程量套价

把图 7-2 工程计算得出的数据代入表 7-10 中，即可得到该部分工程量的价格。

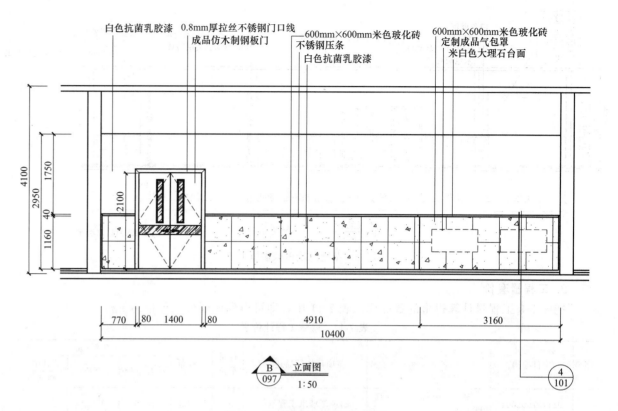

<table>
<tr><td colspan="2">B<br>097</td><td>立面图<br>1:50</td><td>4<br>101</td></tr>
</table>

图 7-2 某建筑墙面涂饰施工图

表 7-10 涂料工程计价表

| 序号 | 项目编码 | 名　称 | 项目特征描述 | 计量单位 | 工程量 | 金额/元 | | |
|---|---|---|---|---|---|---|---|---|
| | | | | | | 综合单价 | 合价 | 其中<br>暂估价 |
| 1 | 011407002001 | 图 7-2 中白色抗菌乳胶漆 | 墙面涂刷白色抗菌乳胶漆 | m² | 17.15 | 8.89 | 81.27 | |

注：1. 表中的工程量是根据图 7-2 中工程量计算得出的数据。
2. 表中的综合单价是根据 2010 年《黑龙江省建设工程计价依据》得出的，在计算过程中可根据该工程所使用的定额计算出综合单价。

#### 五、某建筑物裱糊施工图识读

某建筑裱糊施工图的识读以图 7-3 为例进行解读。

#### 六、某建筑裱糊工程量计算及套价

##### 1. 工程量计算

壁纸工程量＝墙面总面积－墙裙面积－管井门面积＝(2.780＋1.260＋0.840＋1.260＋3.860)×2.950－1.160×(2.780＋1.260＋0.840＋1.260＋3.860)－(1.260×2.200)＝15.128(m²)

计算解析：(1.260×2.200)m 为管井门的尺寸；1.160m 为墙裙的高度；(2.780＋1.260＋0.840＋1.260＋3.860)m 为图中标注区域墙裙所对应的宽度；2.950m 为图中标注区域墙面的高度。

**3. 竣工结算的内容**

竣工结算的内容见表8-2。

表8-2 竣工结算的内容

| 名称 | 内容 |
|---|---|
| 封面与编制说明 | 1. 工程结算封面。反映建设单位建设工程概要,表明编审单位资质与责任<br>2. 工程结算编制说明。对于包干性质的工程结算,包括编制依据、结算范围,甲、乙双方应着重说明包干范围以外的问题,协商处理的有关事项以及其他必须说明的问题 |
| 工程原施工图预算 | 工程原施工图预算是工程竣工结算主要的编制依据,是工程结算的重要组成部分,不可遗漏 |
| 工程结算表 | 结算编制方法中,最突出的特点就是不论采用何种方法,原预算未包括的内容均可调整,因此结算编制主要是对施工中变更内容进行预算调整 |
| 结算工料分析表及材料价差计算 | 分析方法同预算编制方法,需对调整工程量进行工、料分析,并对工程项目材料进行汇总,按现行市场价格计算工、料价差 |
| 工程竣工结算费用计算表 | 根据各项费用调整额,按结算期的计费文件的有关规定进行工程计费 |
| 工程竣工结算资料汇总 | 汇总全部结算资料,并按要求分类,分施工期和施工阶段进行整理,以利于审计时待查 |

## 五、竣工计算与施工图预算的区别

以施工图预算为基础编制竣工结算时,在项目划分、工程量计算规则、定额使用、费用计算规定、表格形式等方面都是相同的。其不同方面如下。

① 施工图预算在工程开工前编制,而竣工结算在工程竣工后编制。

② 施工图预算依据施工图编制,而竣工结算依据竣工图编制。

③ 施工图预算一般不考虑施工中的意外情况,而竣工结算则会根据施工合同规定增加一些施工过程中发生的签证(如停水、停电、停工待料、施工条件变化等)费用。

④ 施工图预算要求的内容较全面,而竣工结算以货币量为主。

## 六、定额计价模式竣工结算的编制方法

### (一)竣工结算增减变化

竣工结算的编制大体与施工图预算的编制相同,但竣工结算更加注意反映工程实施中的增减变化,反映工程竣工后实际经济效果。工程实践中,增减变化主要集中在以下几个方面。

**1. 工程量量差**

这种工程量量差是指按照施工图计算出来的工程数量与实际施工时的工程数量不符而发生的差额。造成量差的主要原因有施工图预算错误、设计变更与设计漏项、现场签证等。

**2. 材料价差**

这种价差是指合同规定的开工至竣工期内,因材料价格变动而发生的价差,一般分为主材的价格调整和辅材的价格调整。主材价格调整主要是依据行业主管部门、行业权威部门发布的材料信息价格或双方约定认同的市场价格的材料预算价格或定额规定的材料预算价格进行调整的,一般采用单项调整。辅材价格调整主要是按照有关部门发布的地方材料基价调整系数进行调整的。

**3. 费用调整**

费用调整主要有两种情况:一个是从量调整,另一个是政策调整。因为费用(包括间接费、利润、税金)是以直接费(或人工费,或人工费和机械费)为基础进行计取的,工程量的变化必然影响到费用的变化,这就是从量调整。在施工期间,国家可能有费用政策变化出台,这种政策变化一般是要调整的,这就是政策调整。

**4. 其他调整**

比如有无索赔事项,施工企业使用建设单位水电费用的扣除等。

### (二)定额计价模式下的竣工结算

定额计价模式下竣工结算的编制格式大致可分为三种。

**1. 增减账法**

竣工结算的一般公式为:竣工结算价＝合同价＋变更＋索赔＋奖罚＋签证

以中标价格或施工图预算为基础,加增减变化部分进行工程结算,操作步骤如下。

(1)收集竣工结算的原始资料,并与竣工工程进行观察和对照 结算的原始资料是编制竣工结算的依据,必须收集齐全。在熟悉时要深入细致,并进行必要的归纳整理,一般按分部分项工程的顺序进行。根据原有施工图纸、结算的原始资料,对竣工工程进行观察和对照,必要时应进行实际丈量和计算,并做好记录。如果工程的做法与原设计施工要求有出入时,也应做好记录。在编制竣工结算时,要本着实事求是的原则,对这些有出入的部分进行调整(调整的前提是取得相应的签证资料)。

(2)计算增减工程量,依据合同约定的工程计价 依据(预算定额)套用每项工程的预算价格、合同价格(中标价)或经过审定的原施工图预算基本不再变动,作为结算的基础依据。根据原始资料和对竣工工程进行观察的结果,计算增加和减少的原合同约定工作内容或施工图外工程量,这些增加或减少的工程量或是由于设计变更和设计修改而造成的,或是其他原因造成的现场签证项目等。套用定额子目的具体要求与编制施工图预算定额相同,要求准确合理。

(3)调整材料价差 根据合同约定的方式,按照材料价格签证、地方材料基价调整系数调整材料价差。

(4)计算工程费用

① 集中计算费用法,步骤如下。

a. 计算原有施工图预算的直接费用。

b. 计算增加或减少工程部分的直接费。

c. 竣工结算的直接费用等于上述a、b的合计,然后以此为基准,再按合同规定取费标准分别计取间接费、利润、税金,计算出工程的全部税费,求出工程的最后实际造价。

② 分别取费法。其主要适合于工程的变更、签证较少的项目,其步骤如下。

a. 将施工图预算与变更、签证等增减部分合计计算直接费。

b. 按取费标准计取用间接费、利润、税金,汇总合计,即得出了竣工工程结算最终工程造价。

目前竣工结算的编制基本已实现了电算化,计算机套价已基本普及,编制时相对容易些。编制时可根据工程特点和实际需要自行选择以上方式之一或采用双方约定的其他方式。

(5)如果有索赔与奖罚、优惠等事项亦要并入结算。

**2. 竣工图重算法**

该法是以重新绘制的竣工图为依据进行工程结算。竣工图是工程交付使用时的实样图。

(1)竣工图的内容

① 工程总体布置图、位置图、地形图并附竖向布置图。

② 建设用地范围内的各种地下管线工程综合平面图（要求注明平面、高程、走向、断面，与外部管线衔接关系，复杂交叉处应有局部剖面图等）。

③ 各土建专业和有关专业的设计总说明书。

④ 建筑专业包括的内容如下：

a. 设计说明书；

b. 总平面图（包括道路、绿化）；

c. 房间做法名称表；

d. 各层平面图（包括设备层及屋顶、人防图）；

e. 立面图、剖面图、较复杂的构件大样图；

f. 楼梯间、电梯间、电梯井道剖面图，电梯机房平、剖面图；

g. 地下部分的防水防潮、屋面防水、外墙板缝的防水及变形缝等的做法大样图；

h. 防火、抗震（包括隔震）、防辐射、防电磁干扰以及三废治理等图纸。

⑤ 结构专业包括的内容如下：

a. 设计说明书；

b. 基础平、剖面图；

c. 地下部分各层墙、柱、梁、板平面图、剖面图以及板柱节点大样图；

d. 地上部分各层墙、柱、梁、板平面图、大样图及预制梁、柱节点大样图；

e. 楼梯剖面大样图，电梯井道平、剖面图，墙板连接大样图；

f. 钢结构平、剖面图及节点大样图；

g. 重要构筑物的平、剖面图。

⑥ 其他专业（略）。

（2）对竣工图的要求

① 工程竣工后应及时整理竣工图纸，凡结构形式改变、工程改变、平面布置改变、项目改变以及其他重大改变，或者在原图纸上修改部分超过40%，或者修改后图面混乱不清的个别图纸，需要重新绘制，并对结构件和门窗重新编号。

② 凡在施工中按施工图没有变更的，在原施工图上加盖竣工图标志后可作为竣工图。

③ 对于工程变化不大的，不用重新绘制，可在施工图上变更处分别标明，无重大变更的将修改内容如实地改绘在蓝图上，竣工图标记应具有明显的"竣工图"字样，并有编制单位名称、制图人、审核人和编制日期等基本内容。

④ 变更设计洽商记录的内容必须如实地反映到设计图上，如在图上反映确有困难，则必须在图中相应部分加文字说明（见洽商××号），标注有关变更设计洽商记录的编号，并附上该洽商记录的复印件。

⑤ 竣工图应完整无缺，分系统（基础、结构、建筑、设备）装订，内容清晰。

⑥ 绘制施工图必须采用不褪色的绘图墨水进行，文字材料不得用复写纸、一般圆珠笔和铅笔等。

在竣工图的封面和每张竣工图的图标处加盖竣工图章。竣工图绘制后要请建设单位、监理单位人员在图签栏内签字，并加盖竣工图章。竣工图是其他竣工资料的纲领性总图，一定要如实地反映工程实况。

**3. 包干法**

常用的包干法包括按施工图预算加系数包干法和按建筑面积平方米包干法。

（1）施工图预算加系数包干法　这种方法是事先由甲乙双方共同商定包干范围，按施工图预算加上一定的包干系数作为承包基数，实行一次包死。如果发生包干范围以外的增加项目，如增加建筑面积，提高原设计标准或改变工程结构等，必须由双方协商同意后方可变更，并随时填写工程变更结算单，经双方签证作为结算工程价款的依据。实际施工中未发生超过包干范围的事项，结算不做调整。采用包干法时，合同中一定要约定包干系数的包干范围，常见的包干范围一般包括如下内容。

① 正常的社会停水、停电，即每月一天以内（含一天，不含正常节假日、双休日）的停窝人工、机械损失。

② 在合理的范围内钢材每米实际重量与理论重量在±5‰内的差异所造成的损失。

③ 由施工企业负责采购的材料，因规格品种不全发生代用（五大材除外）或因采购、运输数量亏损、价格上扬而造成的量差和价差损失。

④ 甲乙双方签订合同后，施工期间因材料价格频繁变动而当地造价管理部门尚未及时下达政策性调整规定所造成的差价损失。

⑤ 施工企业根据施工规范及合同的工期要求或为局部赶工自行安排夜间施工所增加的费用。

⑥ 在不扩大建筑面积、不提高设计标准、不改变结构形式、不变更使用用途、不提高装修档次的前提下，确因实际需要而发生的门窗移位、墙壁开洞、个别小修小改及较为简单的基础处理等设计变更所引起的小量赶工费用（额度双方约定）。

⑦ 其他双方约定的情形。

（2）建筑面积平方米包干法　由于住宅工程的平方米造价相对固定、透明，一般住宅工程较适合按建筑面积平方米包干结算。实际操作方法是：建设单位双方根据工程资料，事先协商好包干平方米造价，并按建筑面积计算出总造价。计算公式是：

$$工程总造价＝总建筑面积×约定平方米造价$$

合同中应明确注明平方米造价与工程总造价，在工程竣工结算时一般不再办理增减调整。除非合同约定可以调整的范围，并发生在包干范围之外的事项，结算时仍可以调整增减造价。

## 七、工程量清单计价模式下竣工结算的编制方法

总体来看，工程量清单计价模式下竣工结算的编制方法和传统定额计价结算的大框架差不多，相对而言，清单计价更明了，在发生变更时就知道对造价的影响。

**1. 增减账法**

一般中小型的民用项目结构简单、施工图纸清晰齐全、施工周期短的工程，一般可采用

工程结算价＝中标价＋变更＋索赔＋奖罚＋签证

该方法以招标时工程量清单单位报价为基础，加增减变化部分进行工程结算。

但对工程量大、结构复杂、工作时间紧的项目宜采用

工程结算价＝中标价＋变更＋工程量量差在±（3%～5%）之外的数量（双方合同中具体约定超过量）×中标综合单价＋政策性的人工、机械费调整＋允许按实调的暂定价＋索赔＋奖罚＋签证

如采用可调价格合同形式，如合同约定中标综合单价可调整的条件（例如分项工程量增减超过15%），遇到相应条件时综合单价也可做调整。

**2. 竣工图重算法**

该方法是以重新绘制的竣工图为依据进行工程结算，工程结算编制的方法同工程量清单报价的方法，所不同的是依据的图纸由施工图变为竣工图。

# 第九章　某低层建筑装饰装修工程造价实例解析

## 第一节　装饰装修施工图计算及套价

### 一、施工做法表的识读

施工做法表的识读以图 9-1 为例进行解读。

图 9-1 识读要点：通过施工做法表可知清晰地知道本建筑装饰装修的具体做法及所使用的材料。

**构造做法表**

| 编号及名称 | 构造层次及参见图集 | 编号及名称 | 构造层次 |
|---|---|---|---|
| 楼 1<br>水泥砂浆楼面<br>（有防水层） | 11J930 G4 页地 9　具体构造如下 | 楼 1<br>混合砂浆 | 11J930　H23 页地 1　具体构造如下 |
| | 8～10 厚地砖，干水泥擦缝 | | 素水泥浆一道甩毛（内掺建筑胶） |
| | 20 厚 1：3 干硬性水泥砂浆结合层（面层用户自理） | | 5 厚 1：0.5：3 水泥石灰膏砂浆打底扫 |
| | 1.5 厚聚氨酯涂料防水层 | | 3～5 厚底基防裂腻子分遍找平 |
| | 1：3 水泥砂浆或最薄处 30 厚细石混凝土找坡抹平 | | 2 厚面层耐水腻子刮平 |
| | 水泥浆一道（内掺建筑胶） | | 涂料饰面 |
| | 60 厚混凝土垫层 | 1<br>瓷砖踢脚 | 11J930　H27 页 4　具体构造如下 |
| | 1.5 厚聚氨酯涂料防潮层 | | 10 厚彩色墙面砖，通体砖 |
| | 150 厚粒径 5～32 卵石（碎石）灌 M2.5 混合振捣密实成砂浆或 3：7 灰土 | | 10 厚 1：2 水泥砂浆粘贴 |
| | 素土夯实 | | 素水泥砂浆一道 |
| 楼 2<br>细石混凝土 | 11J930 G7 页地 18　具体构造如下 | | 墙体 |
| | 8～10 地砖，干水泥擦缝。20 厚 1：3 干硬性水泥砂浆结合层，表面撒水泥粉。 | 外墙<br>涂料 | 刮腻子刷外墙涂料 |
| | 10 厚 C20 细石混凝土，表面撒 1：1 水泥砂子随打随抹光 | | 封闭底涂料一道 |
| | 水泥浆一道（内掺建筑胶） | | 20mm　1：2.5 水泥砂浆抹灰 |
| | 60 厚混凝土垫层 | | 外墙挂钢丝网（直径 φ4 间距 300×300） |
| | 150 厚粒径 5～32 卵石（碎石）灌 M2.5 混合振捣密实成砂浆或 3：7 灰土 | | 砖墙 |
| | 素土夯实 | 屋 1<br>不上人屋面 | 40 厚 C20 细石混凝土指 3‰FS101 防水砂浆配 φ6@200 钢筋网 |
| 内墙 1<br>混合砂浆 | 11J930 H3 页内墙 1　具体构造如下 | | 间距 2000 设分格缝　填充油膏嵌缝 |
| | 涂料墙面（用户自理） | | 塑料膜隔离层 |
| | 5 厚 1：0.5：2.5 水泥石灰膏砂浆找平 | | 防水层：3＋3 厚 SBS 改性沥青防水卷材 |
| | 9 厚 1：0.5：3 水泥石灰膏砂浆打底扫毛或划出纹道 | | 20 厚 1：2.5 水泥砂浆找平层 |
| | 素水泥浆一道（内掺建筑胶） | | C7.5 炉渣混凝土找坡层最薄处 50 厚 |
| 内墙 2<br>涂料墙面 | 11J930　H11 页内墙 34　具体构造如下 | | 100 厚挤塑苯板保温（双层铺缝搭接） |
| | 瓷砖墙面 | | 隔汽层：涂配套防水涂料 |
| | 5 厚建筑胶水泥砂浆黏结层 | | 20 厚 1：2.5 水泥砂浆找平层 |
| | | | 钢筋混凝土屋面板 |
| | 9 厚 1：0.5：3 水泥石灰膏砂浆分遍砂浆平 | 楼 2 | 木龙骨外刷 3 遍防火涂料 |
| | | | 空腹 PVC 塑料扣板 |

注：所有用水房间地面使用前均应做防水处理，满足国家相应规范要求。

图 9-1　施工做法表

## 二、楼地面施工图识读

楼地面施工图的识读以图 9-2 为例进行解读。

图 9-2 识读要点：首先明确每个房间的使用功能，其次查看出每个房间的宽度、长度尺寸，为后面的工程量计算打基础。

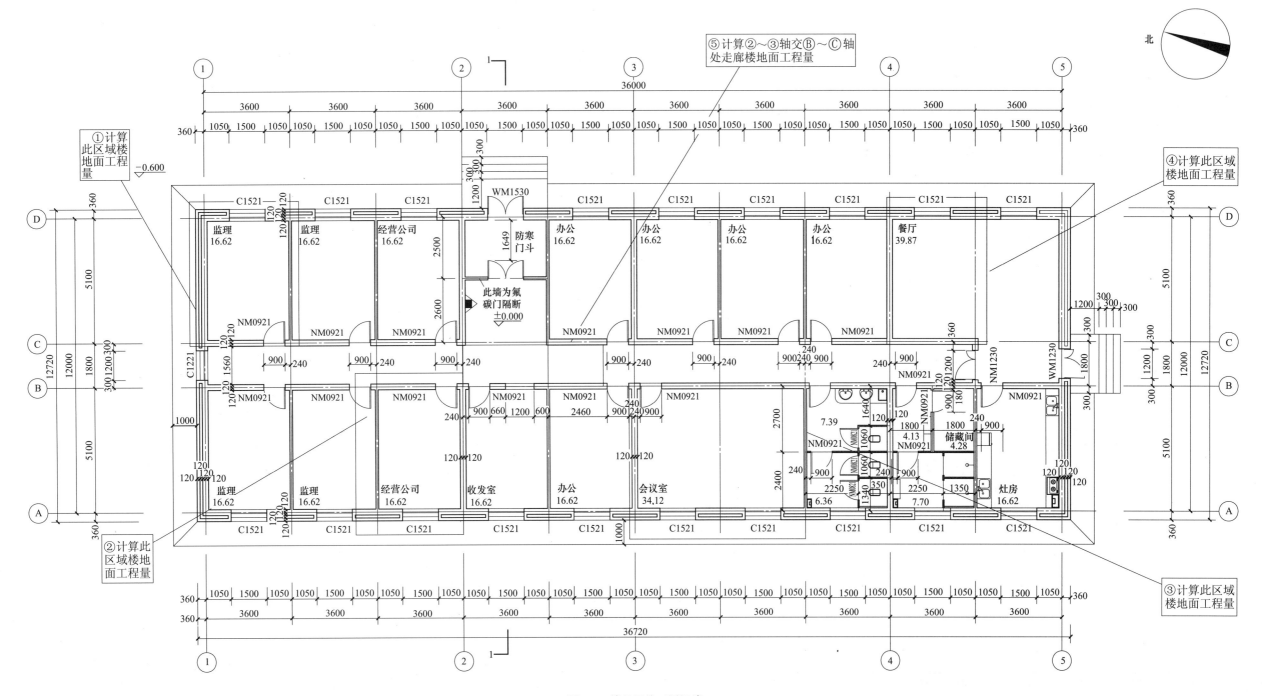

图 9-2　楼地面施工图识读

## 三、楼地面工程量计算及套价

### 1. 工程量计算

**① 监理房间楼地面工程量**

地面积＝3.600×5.100＝18.36（m²）

块料面积＝3.600×5.100＝18.36（m²）

地面周长＝(3.600＋5.100)×2＝17.4（m）

计算解析：3.600m 为监理房间的宽度尺寸；5.100m 为监理房间的长度尺寸。

**② 经营公司房间地面工程量**

地面积＝3.600×5.100＝18.36（m²）

块料面积＝3.600×5.100＝18.36（m²）

地面周长＝(3.600＋5.100)×2＝17.4（m）

计算解析：3.600m 为经营公司房间的宽度尺寸；5.100m 为经营公司房间的长度尺寸。

**③ 会议室楼地面工程量**

地面积＝(3.600＋3.600)×5.100＝36.72（m²）

块料面积＝(3.600＋3.600)×5.100＝36.72（m²）

地面周长＝(3.600＋3.600＋5.100)×2＝24.6(m)

计算解析：(3.600＋3.600)m 为会议室的长度尺寸；5.100m 为会议室的宽度尺寸。

**④ 餐厅楼地面工程量**

地面积＝3.600×5.100＝18.36(m²)

块料面积＝3.600×5.100＝18.36(m²)

地面周长＝(3.600＋5.100)×2＝17.4(m)

计算解析：3.600m 为餐厅房间的宽度尺寸；5.100m 为餐厅房间的长度尺寸。

**⑤ ②～③轴交Ⓑ～Ⓒ轴处走廊楼地面工程量**

地面积＝(3.600＋3.600＋3.600)×1.560＝16.848（m²）

块料面积＝(3.600＋3.600＋3.600)×1.560＝16.848（m²）

地面周长＝(3.600＋3.600＋3.600＋1.560)×2＝24.72（m）

计算解析：(3.600＋3.600＋3.600)m 为②～③轴交Ⓑ～Ⓒ轴处走廊长度尺寸；1.560 为②～③轴交Ⓑ～Ⓒ轴处走廊宽度尺寸。

### 2. 工程量套价

把图 9-2 工程量计算得出的数据代入表 9-1 中，即可得到该部分工程量的价格。

**表 9-1　楼地面工程计价表**

| 序号 | 项目编码 | 名称 | 项目特征描述 | 计量单位 | 工程量 | 金额/元 | | |
|---|---|---|---|---|---|---|---|---|
| | | | | | | 综合单价 | 合价 | 其中 暂估价 |
| 1 | 011101001001 | 图 9-2 中①水泥砂浆楼地面 | 60mm 厚混凝土垫层 | m² | 18.36 | 226.42 | 4157.07 | |
| 2 | 011102001001 | 图 9-2 中标注①块料地面 | 40mm 厚 C20 细石混凝土 | m² | 18.36 | 252.94 | 4643.98 | |

**续表**

| 序号 | 项目编码 | 名称 | 项目特征描述 | 计量单位 | 工程量 | 金额(元) | | |
|---|---|---|---|---|---|---|---|---|
| | | | | | | 综合单价 | 合价 | 其中 暂估价 |
| 3 | 011101001001 | 图 9-2 中②水泥砂浆楼地面 | 60mm 厚混凝土垫层 | m² | 18.36 | 226.42 | 4157.07 | |
| 4 | 011102001001 | 图 9-2 中标注②块料地面 | 40mm 厚 C20 细石混凝土 | m² | 18.36 | 252.94 | 4643.98 | |
| 5 | 011101001001 | 图 9-2 中③水泥砂浆楼地面 | 60mm 厚混凝土垫层 | m² | 36.72 | 226.42 | 8314.14 | |
| 6 | 011101001001 | 图 9-2 中标注③块料地面 | 40mm 厚 C20 细石混凝土 | m² | 36.72 | 252.94 | 9287.96 | |
| 7 | 011101001001 | 图 9-2 中④水泥砂浆楼地面 | 60mm 厚混凝土垫层 | m² | 18.36 | 226.42 | 4157.07 | |
| 8 | 011101001001 | 图 9-2 中标注④块料地面 | 40mm 厚 C20 细石混凝土 | m² | 18.36 | 252.94 | 4643.98 | |
| 9 | 011101001001 | 图 9-2 中⑤水泥砂浆楼地面 | 60mm 厚混凝土垫层 | m² | 16.848 | 226.42 | 3814.72 | |
| 10 | 011101001001 | 图 9-2 中标注⑤块料地面 | 40mm 厚 C20 细石混凝土 | m² | 16.848 | 252.94 | 4261.53 | |

注：1. 表中的工程量是根据图 9-2 中工程量计算得出的数据。

2. 表中的综合单价是根据 2010 年《黑龙江省建设工程计价依据》得出的，在计算过程中可根据该工程所使用的定额计算出综合单价。

## 四、墙面抹灰施工图识读

墙面抹灰施工图的识读以图 9-3 为例进行解读。

图 9-3 识读要点：首先通过每个房间的长度及宽度计算出墙面的总面积，然后计算出每个房间门或窗所占的面积。

表 9-7　分部分项工程和单价措施项目清单与计价表　　　　续表

| 序号 | 项目编码 | 项目名称 | 项目特征描述 | 计量单位 | 工程量 | 综合单价 | 综合合价 | 其中:暂估价 |
|---|---|---|---|---|---|---|---|---|
| | | 整个项目 | | | | | | |
| 1 | 011101001001 | 水泥砂浆楼地面 | (1)素土夯买<br>(2)150mm厚粒径5～32卵石(碎石)灌M2.5混合振捣密实或砂浆或3:7灰土<br>(3)1.5mm厚聚氨酯涂料防水层<br>(4)60mm厚混凝土垫层<br>(5)水泥砂浆一道(内掺建筑胶)<br>(6)1:3水泥砂浆或最薄处30mm厚细石混凝土找坡抹平<br>(7)1.5mm厚聚氨酯涂料防水层<br>(8)20mm厚1:3干硬性水泥砂浆结合层(面层用户自理)<br>(9)8～10mm厚地砖,干水泥擦缝 | m² | 37.04 | 226.42 | 8386.6 | |
| 2 | 011101003001 | 细石混凝土楼地面 | (1)素土夯实<br>(2)150mm厚粒径5～32mm卵石(碎石)灌M2.5混合振捣密实或砂浆或3:7灰土<br>(3)60mm厚混凝土垫层<br>(4)水泥砂浆一道(内掺建筑胶)<br>(5)40mm厚C20细石混凝土,表面撒1:1水泥砂子随打随抹光<br>(6)8～10mm厚地砖,干水泥擦缝20mm厚1:3干硬性水泥砂浆结合层,表面撒水泥粉 | m² | 352.94 | 166.81 | 58873.92 | |
| | | | 本页小计 | | | | 67260.52 | |

| 序号 | 项目编码 | 项目名称 | 项目特征描述 | 计量单位 | 工程量 | 综合单价 | 综合合价 | 其中:暂估价 |
|---|---|---|---|---|---|---|---|---|
| 3 | 011201001001 | 混合砂浆墙面 | (1)素水泥浆一道(内掺建筑胶)<br>(2)9mm厚1:0.5:3水泥石灰膏砂浆打底扫毛或划出纹道<br>(3)5mm厚1:0.5:2.5水泥石灰膏砂浆找平<br>(4)涂料饰面(用户自理) | m² | 1341 | 19.87 | 26645.67 | |
| 4 | 011201001002 | 瓷砖墙面 | (1)9mm厚1:0.5:3水泥石灰膏砂浆打底扫毛<br>(2)素水泥浆一道<br>(3)5mm厚建筑胶水泥砂浆结合层<br>(4)瓷砖墙面1:1彩色水泥细砂砂浆或专用勾缝剂勾缝 | m² | 143.65 | 114.64 | 16468.04 | |
| 5 | 011301001001 | 天棚抹灰 | (1)素水泥浆一道甩毛(内掺建筑胶)<br>(2)5mm厚1:0.5:3水泥石灰膏砂浆打底扫毛<br>(3)3～5mm厚底基防裂腻子分遍找平<br>(4)2mm厚面层耐水腻子刮平<br>(5)涂料饰面 | m² | 363.31 | 41.23 | 14979.27 | |
| 6 | 011302001001 | 吊顶天棚 | (1)空腹PVC塑料扣板<br>(2)木龙骨外刷三遍防火涂料 | m² | 36.98 | 100.22 | 3706.14 | |
| 7 | 011105003001 | 块料踢脚线 | (1)素水泥浆一道<br>(2)10mm厚1:2水泥砂浆粘贴<br>(3)10mm厚彩色釉面砖、通体砖 | m² | 74.09 | 105.46 | 7813.53 | |
| | | | 本页小计 | | | | 69612.65 | |

续表

| 序号 | 项目编码 | 项目名称 | 项目特征描述 | 计量单位 | 工程量 | 综合单价 | 综合合价 | 其中:暂估价 |
|---|---|---|---|---|---|---|---|---|
| | | | | | | 金额/元 | | |
| 8 | 011201001003 | 外墙面一般抹灰 | (1)墙体类型:非黏结土烧结砖<br>(2)底层厚度、砂浆配合比为1:2.5水泥砂浆 | m² | 637.85 | 23.36 | 14900.18 | |
| 9 | 011001003001 | 外墙面装饰 | (1)封闭底涂料一道<br>(2)刮腻子刷外墙涂料<br>(3)外墙防水涂料两遍 | m² | 637.85 | 30.77 | 19626.64 | |
| 10 | 补001 | 三玻铝氟碳门 | 规格:1800mm×3000mm | 樘 | 2 | 5580 | 11160 | |
| 11 | 补002 | 三玻铝氟碳门 | 规格:1200mm×3000mm | 樘 | 1 | 2160 | 2160 | |
| 12 | 010807001001 | 塑钢窗制作安装 | (1)工作内容:三玻塑钢窗制作安装<br>(2)项目特征:1500mm×2100mm | 樘 | 19 | 1485.52 | 28224.88 | |
| 13 | 010807001002 | 塑钢窗制作安装 | (1)工作内容:三玻塑钢窗制作安装<br>(2)项目特征:1200mm×2100mm | 樘 | 1 | 1188.41 | 1188.41 | |
| 14 | 010807001003 | 单玻塑钢窗制作安装 | (1)工作内容:单框单玻塑钢窗制作安装<br>(2)项目特征:1200mm×2100mm | 樘 | 1 | 1112.81 | 1112.81 | |
| 15 | 010801001001 | 木质门 | (1)门代号及洞口尺寸:900mm×2100mm<br>(2)镶嵌玻璃品种、厚度:实木装室内门 | 樘 | 19 | 791.21 | 15032.99 | |
| 16 | 010801001002 | 木质门 | (1)门代号及洞口尺寸:1200mm×3000mm<br>(2)镶嵌玻璃品种、厚度:实木装饰内门 | 樘 | 1 | 1475.89 | 1475.89 | |
| | | 本页小计 | | | | | 94881.8 | |

续表

| 序号 | 项目编码 | 项目名称 | 项目特征描述 | 计量单位 | 工程量 | 综合单价 | 综合合价 | 其中:暂估价 |
|---|---|---|---|---|---|---|---|---|
| | | | | | | 金额/元 | | |
| 17 | 010801001003 | 木质门 | (1)门代号及洞口尺寸:800mm×2100mm<br>(2)镶嵌玻璃品种、厚度:实木装饰内门 | 樘 | 3 | 707.12 | 2121.36 | |
| 18 | 011203001001 | 雨棚抹灰 | (1)底面封闭底涂一道,刮腻子两道,刷外墙涂料两道<br>(2)20mm厚水泥砂浆天棚抹灰<br>(3)顶面30mm防水砂浆,并以此材料找坡 | m² | 4.2 | 89.09 | 374.18 | |
| 19 | 011102001001 | 台阶花岗岩台阶 | 工作内容:台阶面层贴花岗岩 | m² | 12.6 | 221.35 | 2789.01 | |
| | | 分部小计 | | | | | 237039.52 | |
| | | 措施项目 | | | | | | |
| | | | | | | | | |
| | | | | | | | | |
| | | | | | | | | |
| | | | | | | | | |
| | | | | | | | | |
| | | 本页小计 | | | | | 5284.55 | |
| | | 合 计 | | | | | 237039.52 | |

注:为计取规费等的使用,可在表中增设"其中:定额人工费"。

表9-8　综合单价分析表（节选）

| 项目编码：011101001001 | | | 项目名称：水泥砂浆楼地面 | | | 计量单位：m² | | | 工程量：37.04 | |
|---|---|---|---|---|---|---|---|---|---|---|

清单综合单价组成明细

| 定额编号 | 定额项目名称 | 定额单位 | 数量 | 单价/元 | | | | 合价/元 | | | |
|---|---|---|---|---|---|---|---|---|---|---|---|
| | | | | 人工费 | 材料费 | 机械费 | 管理费和利润 | 人工费 | 材料费 | 机械费 | 管理费和利润 |
| 10-226 | 灰土质量比3:7 | m³ | 0.15 | | 98.07 | | | | 14.71 | | |
| 7-183 | 聚氨酯涂刷厚度2mm | 100m² | 0.01 | 464.8 | 4431.14 | | 178.08 | 4.65 | 44.31 | | 1.78 |
| 7-184×0.5 | 聚氨酯每增减1mm 单价×(-0.5)【人工含量已修改】 | 100m² | 0.01 | -92.96 | -869.96 | | -35.62 | -0.93 | -8.7 | | -0.36 |
| 借1-321换 | 混凝土垫层预拌混凝土 | 10m³ | 0.006 | 228.25 | 2863.64 | 17.99 | 87.45 | 1.37 | 17.18 | 0.11 | 0.52 |
| 借2-418 | 每增一遍素水泥浆掺107胶 | 100m² | 0.01 | 95.45 | 84.86 | | 36.57 | 0.95 | 0.85 | | 0.37 |
| 借1-326换 | 水泥砂浆找平层填充材料上20mm预拌砂浆 | 100m² | 0.01 | 426.62 | 1122.57 | | 163.46 | 4.27 | 11.23 | | 1.63 |
| 7-183 | 聚氨酯涂刷厚度2mm | 100m² | 0.01 | 464.8 | 4431.14 | | 178.08 | 4.65 | 44.31 | | 1.78 |
| 7-184×(-0.5) | 聚氨酯每增减1mm 单价×(-0.5)【人工含量已修改】 | 100m² | 0.01 | -92.96 | -869.96 | | -35.62 | -0.93 | -8.7 | | -0.36 |
| 借1-62 | 陶瓷地砖楼地面周长(mm)2400以内干硬性砂浆 | 100m² | 0.01 | 2341.43 | 5926.63 | 7.02 | 897.08 | 23.41 | 59.27 | 0.07 | 8.97 |
| 人工单价 | | | | 小计 | | | | 37.44 | 174.46 | 0.18 | 14.33 |
| 综合工日83元/工日 | | | | 未计价材料费 | | | | 28.15 | | | |
| 清单项目综合单价/元 | | | | | | | | 226.42 | | | |

| 材料费明细 | 主要材料名称、规格、型号 | 单位 | 数量 | 单价/元 | 合价/元 | 暂估单价/元 | 暂估合价/元 |
|---|---|---|---|---|---|---|---|
| | 生石灰 | kg | 49.5 | 0.19 | 9.41 | | |
| | 黏土 | m³ | 0.1725 | 29.51 | 5.09 | | |
| | 水泥32.5MPa | kg | 14.3881 | 0.48 | 6.91 | | |
| | 砂(净中砂) | m³ | 0.0206 | 65 | 1.34 | | |
| | 陶瓷地砖600mm×600mm | m² | 1.025 | 50 | 51.25 | | |
| | 聚氨酯乙料 | kg | 2.7077 | 15.54 | 42.08 | | |
| | 其他材料费/元 | | | — | 58.39 | — | |
| | 材料费小计 | | | — | 174.46 | — | |

续表

| 项目编码:011101003001 | | 项目名称:细石混凝土楼地面 | | | 计量单位:m² | | 工程量:352.94 | | |
|---|---|---|---|---|---|---|---|---|---|

清单综合单价组成明细

| 定额编号 | 定额项目名称 | 定额单位 | 数量 | 单价/元 | | | | 合价/元 | | | |
|---|---|---|---|---|---|---|---|---|---|---|---|
| | | | | 人工费 | 材料费 | 机械费 | 管理费和利润 | 人工费 | 材料费 | 机械费 | 管理费和利润 |
| 10-226 | 灰土质量比 3∶7 | m³ | 0.15 | | 98.07 | | | | 14.71 | | |
| 借1-321换 | 混凝土垫层预拌混凝土 | 10m³ | 0.006 | 228.25 | 2863.64 | 17.99 | 87.45 | 1.37 | 17.18 | 0.11 | 0.52 |
| 借2-418 | 每增一遍素水泥浆掺107胶 | 100m² | 0.01 | 95.45 | 84.86 | | 36.57 | 0.95 | 0.85 | | 0.37 |
| 借1-332 | 细石混凝土找平层30mm 现拌混凝土 | 100m² | 0.01 | 838.3 | 1106.81 | 43.61 | 321.19 | 8.38 | 11.07 | 0.44 | 3.21 |
| 借1-334×2 | 细石混凝土找平层每增减5mm 现拌混凝土 单价×2【人工含量已修改】 | 100m² | 0.01 | 234.06 | 345.88 | 14.54 | 89.68 | 2.34 | 3.46 | 0.15 | 0.9 |
| 借1-344 | 整体楼地面原浆抹平 | 100m² | 0.01 | 624.99 | 44.23 | | 239.45 | 6.25 | 0.44 | | 2.39 |
| 借1-62 | 陶瓷地砖楼地面周长2400mm 以内干硬性砂浆 | 100m² | 0.01 | 2341.43 | 5926.63 | 7.02 | 897.08 | 23.41 | 59.27 | 0.07 | 8.97 |
| 人工单价 | | | | 小计 | | | | 42.7 | 106.98 | 0.77 | 16.36 |
| 综合工日 83 元/工日 | | | | 未计价材料费 | | | | 16.97 | | | |
| 清单项目综合单价/元 | | | | | | | | 166.81 | | | |
| 材料费明细 | 主要材料名称、规格、型号 | | | | | 单位 | 数量 | 单价/元 | 合价/元 | 暂估单价/元 | 暂估合价/元 |

| 项目编码:011301001001 | | 项目名称:天棚抹灰 | | | 计量单位:m² | | 工程量:363.31 | | |
|---|---|---|---|---|---|---|---|---|---|

清单综合单价组成明细

| 定额编号 | 定额项目名称 | 定额单位 | 数量 | 单价/元 | | | | 合价/元 | | | |
|---|---|---|---|---|---|---|---|---|---|---|---|
| | | | | 人工费 | 材料费 | 机械费 | 管理费和利润 | 人工费 | 材料费 | 机械费 | 管理费和利润 |
| 借3-5 | 混凝土面天棚抹混合砂浆搅拌砂浆 | 100m² | 0.01 | 1351.24 | 734.61 | 23.39 | 517.7 | 13.51 | 7.35 | 0.23 | 5.18 |
| 借2-418 | 每增一遍素水泥浆掺107胶 | 100m² | 0.01 | 95.45 | 84.86 | | 36.57 | 0.95 | 0.85 | | 0.37 |
| 借5-182 | 墙面批腻子 | 100m² | 0.01 | 268.92 | 164.68 | | 103.03 | 2.69 | 1.65 | | 1.03 |
| 借5-125 | 内墙涂料两遍 | 100m² | 0.01 | 329.51 | 286.34 | | 126.24 | 3.3 | 2.86 | | 1.26 |
| 人工单价 | | | | 小计 | | | | 20.45 | 12.71 | 0.23 | 7.84 |
| 综合工日 83 元/工日 | | | | 未计价材料费 | | | | | | | |
| 清单项目综合单价/元 | | | | | | | | 41.23 | | | |
| 材料费明细 | 主要材料名称、规格、型号 | | | | | 单位 | 数量 | 单价/元 | 合价/元 | 暂估单价/元 | 暂估合价/元 |
| | 水泥 32.5MPa | | | | | kg | 10.2804 | 0.48 | 4.93 | | |
| | 砂(净中砂) | | | | | m³ | 0.0198 | 65 | 1.29 | | |
| | 腻子 | | | | | kg | 1.02 | 1.58 | 1.61 | | |
| | 其他材料费 | | | | | | | — | 4.86 | — | |
| | 材料费小计 | | | | | | | — | 12.7 | — | |

续表

| 项目编码 | | 011001003001 | | 项目名称 | | 外墙面装饰 | 计量单位 | m² | 工程量 | 637.85 |
|---|---|---|---|---|---|---|---|---|---|---|

清单综合单价组成明细

| 定额编号 | 定额项目名称 | 定额单位 | 数量 | 单价/元 | | | | 合价/元 | | | |
|---|---|---|---|---|---|---|---|---|---|---|---|
| | | | | 人工费 | 材料费 | 机械费 | 管理费和利润 | 人工费 | 材料费 | 机械费 | 管理费和利润 |
| 借5-184 | 墙面抗碱封底涂料 | 100m² | 0.0088 | 209.99 | 371.59 | | 80.45 | 1.84 | 3.26 | | 0.71 |
| 借5-182 | 墙面批腻子 | 100m² | 0.0088 | 268.92 | 164.68 | | 103.03 | 2.36 | 1.45 | | 0.9 |
| 借5-127 | 外墙涂料　二遍 | 100m² | 0.0088 | 571.04 | 1515 | | 218.78 | 5.02 | 13.31 | | 1.92 |
| 人工单价 | | | 小计 | | | | | 9.22 | 18.02 | | |
| 综合工日 83 元/工日 | | | 未计价材料费 | | | | | | | | |
| 清单项目综合单价/元 | | | | | | | | 30.77 | | | |

| 材料费明细 | 主要材料名称、规格、型号 | | 单位 | 数量 | 单价/元 | 合价/元 | 暂估单价/元 | 暂估合价/元 |
|---|---|---|---|---|---|---|---|---|
| | 腻子 | | kg | 0.8959 | 1.58 | 1.42 | | |
| | 抗碱封底涂料 | | kg | 0.224 | 14.51 | 3.25 | | |
| | 外墙涂料 | | kg | 0.8783 | 15 | 13.17 | | |
| | 其他材料费 | | | | — | 0.18 | | |
| | 材料费小计 | | | | — | 18.02 | | |

注：1. 如不使用省级或行业建设主管部门发布的计价依据，可不填定额编码、名称等；

2. 招标文件提供了暂估单价的材料，按暂估的单价填入表内"暂估单价"栏及"暂估合价"栏。

续表

| 项目编码:011105003001 | | | | 项目名称:块料踢脚线 | | | | 计量单位:m² | | 工程量:74.09 | |
|---|---|---|---|---|---|---|---|---|---|---|---|

清单综合单价组成明细

| 定额编号 | 定额项目名称 | 定额单位 | 数量 | 单价/元 | | | | 合价/元 | | | |
|---|---|---|---|---|---|---|---|---|---|---|---|
| | | | | 人工费 | 材料费 | 机械费 | 管理费和利润 | 人工费 | 材料费 | 机械费 | 管理费和利润 |
| 借1-156 | 陶瓷地砖踢脚线 | 100m² | 0.01 | 3608.01 | 5549.62 | 5.86 | 1382.35 | 36.08 | 55.5 | 0.06 | 13.82 |
| 人工单价 | | | | 小计 | | | | 36.08 | 55.5 | 0.06 | 13.82 |
| 综合工日 83 元/工日 | | | | 未计价材料费 | | | | | | | |
| 清单项目综合单价/元 | | | | | | | | 105.46 | | | |

| | 主要材料名称、规格、型号 | | | | 单位 | 数量 | 单价/元 | 合价/元 | 暂估单价/元 | 暂估合价/元 |
|---|---|---|---|---|---|---|---|---|---|---|
| 材料费明细 | 水泥 32.5MPa | | | | kg | 6.4216 | 0.48 | 3.08 | | |
| | 砂(净中砂) | | | | m³ | 0.0123 | 65 | 0.8 | | |
| | 陶瓷地砖 600mm×600mm | | | | m² | 1.02 | 50 | 51 | | |
| | 其他材料费 | | | | | | — | 0.62 | — | |
| | 材料费小计 | | | | | | — | 55.5 | — | |

注:1. 如不使用省级或行业建设主管部门发布的计价依据,可不填定额编号、名称等。

2. 招标文件提供了暂估单价的材料,按暂估的单价填入表内"暂估单价"栏及"暂估合价"栏。

表 9-9　总价措施项目清单与计价表

| 序号 | 项目编码 | 项目名称 | 基数说明 | 费率/% | 金额/元 | 调整费率/% | 调整后金额/元 | 备注 |
|---|---|---|---|---|---|---|---|---|
| 一 | | 安全文明施工费 | | | 6068.21 | | | |
| 1 | 011707001001 | 安全文明施工费 | 分部分项合计+单价措施项目费-分部分项设备费-技术措施项目设备费 | 2.56 | 6068.21 | | | |
| 2 | 1.1 | 垂直防护架、垂直封闭防护、水平防护架 | | | | | | |
| 二 | | 其他措施项目费 | | | 1511.77 | | | |
| 3 | 011707002001 | 夜间施工费 | 分部分项预算价人工费+单价措施计费人工费 | 0.17 | 69.46 | | | |
| 4 | 011707004001 | 二次搬运费 | 分部分项预算价人工费+单价措施计费人工费 | 0.17 | 69.46 | | | |
| 5 | 011707005001 | 雨季施工费 | 分部分项预算价人工费+单价措施计费人工费 | 0.14 | 57.2 | | | |
| 6 | 011707005002 | 冬季施工费 | 分部分项预算价人工费+单价措施计费人工费 | 2.9 | 1184.9 | | | |
| 7 | 011707007001 | 已完工程及设备保护费 | 分部分项预算价人工费+单价措施计费人工费 | 0.14 | 57.2 | | | |
| 8 | 01B001 | 工程定位复测费 | 分部分项预算价人工费+单价措施计费人工费 | 0.08 | 32.69 | | | |
| 9 | 011707003001 | 非夜间施工照明 | 分部分项预算价人工费+单价措施计费人工费 | 0.1 | 40.86 | | | |
| 10 | 011707006001 | 地上、地下设施、建筑物的临时保护设施费 | | | | | | |
| 三 | | 专业工程措施项目费 | | | | | | |
| 11 | 01B002 | 专业工程措施项目费 | | | | | | |
| | | 合计 | | | 7579.98 | | | |

编制人（造价人员）：　　　　　　　　复核人（造价工程师）：

注：1. "计算基础"中安全文明施工费可为"定额基价""定额人工费"或"定额人工费+定额机械费"，其他项目可为"定额人工费"或"定额人工费+定额机械费"。

2. 按施工方案计算的措施费，若无"计算基础"和"费率"的数值，也可只填"金额"数值，但应在备注栏说明施工方案出处或计算方法。

表 9-10　其他项目清单与计价汇总表

| 序号 | 项目名称 | 金额/元 | 结算金额/元 | 备注 |
|---|---|---|---|---|
| 1 | 暂列金额 | | | |
| 2 | 暂估价 | — | | |
| 2.1 | 材料暂估价 | | | |
| 2.2 | 专业工程暂估价 | | | |
| 3 | 计日工 | | | |
| 4 | 总承包服务费 | | | |
| | 合计 | | — | |

表 9-11　暂列金额表

| 序号 | 项目名称 | 计量单位 | 暂定金额/元 | 备注 |
|---|---|---|---|---|
| 1 | | | | |
| | | | | |
| | 合计 | | — | |

表 9-12　材料（工程设备）暂估价及调整表

| 序号 | 材料(工程设备)名称、规格、型号 | 计量单位 | 数量 | | 暂估/元 | | 确认/元 | | 差额±/元 | | 备注 |
|---|---|---|---|---|---|---|---|---|---|---|---|
| | | | 暂估 | 确认 | 单价 | 合价 | 单价 | 合价 | 单价 | 合价 | |
| | | | | | | | | | | | |
| | | | | | | | | | | | |
| | 合计 | | | | | | | | | | |

### 表 9-13 专业工程暂估价及结算价表

| 序号 | 工程名称 | 工程内容 | 暂估金额/元 | 结算金额/元 | 差额±/元 | 备注 |
|---|---|---|---|---|---|---|
|  |  |  |  |  |  |  |
|  | 合计 |  |  |  |  |  |

### 表 9-14 计日工表

| 编号 | 项目名称 | 单位 | 暂定数量 | 实际数量 | 综合单价/元 | 合价/元 | |
|---|---|---|---|---|---|---|---|
|  |  |  |  |  |  | 暂定 | 实际 |
| 1 | 人工 |  |  |  |  |  |  |
| 1.1 |  |  |  |  |  |  |  |
| 人工小计 |  |  |  |  |  |  |  |
| 2 | 材料 |  |  |  |  |  |  |
| 2.1 |  |  |  |  |  |  |  |
| 材料小计 |  |  |  |  |  |  |  |
| 3 | 施工机械 |  |  |  |  |  |  |
| 3.1 |  |  |  |  |  |  |  |
| 施工机械小计 |  |  |  |  |  |  |  |
|  |  |  |  |  |  |  |  |
|  |  |  |  |  |  |  |  |
| 4. 企业管理费和利润 |  |  |  |  |  |  |  |
| 总 计 |  |  |  |  |  |  |  |

### 表 9-15 总承包服务费计价表

| 序号 | 项目名称 | 项目价值/元 | 服务内容 | 计算基础 | 费率/% | 金额/元 |
|---|---|---|---|---|---|---|
| 1 | 发包人供应材料 |  |  |  | 2 |  |
| 2 | 发包人采购设备 |  |  |  | 2 |  |
| 3 | 总承包人对发包人发包的专业工程管理和协调 |  |  |  | 1.5 |  |
| 4 | 总承包人对发包人发包的专业工程管理和协调并提供配合服务 |  |  |  | 5 |  |
|  |  |  |  |  |  |  |
|  |  |  |  |  |  |  |
| 合 计 |  |  |  |  |  |  |

### 表 9-16 规费、税金项目清单及计价表

工程名称： 标段： 第1页 共1页

| 序号 | 项目名称 | 计算基础 | 计算基数 | 计算费率/% | 金额/元 |
|---|---|---|---|---|---|
| 1 | 规费 | 养老保险费＋医疗保险费＋失业保险费＋工伤保险费＋生育保险费＋住房公积金＋工程排污费 |  |  | 24698.64 |
| 1.1 | 养老保险费 | 计费人工费＋人工价差－安全文明施工费人工价差 | 63986.12 | 20 | 12797.22 |
| 1.2 | 医疗保险费 | 计费人工费＋人工价差－安全文明施工费人工价差 | 63986.12 | 7.5 | 4798.96 |
| 1.3 | 失业保险费 | 计费人工费＋人工价差－安全文明施工费人工价差 | 63986.12 | 1.5 | 959.79 |
| 1.4 | 工伤保险费 | 计费人工费＋人工价差－安全文明施工费人工价差 | 63986.12 | 1 | 639.86 |
| 1.5 | 生育保险费 | 计费人工费＋人工价差－安全文明施工费人工价差 | 63986.12 | 0.6 | 383.92 |
| 1.6 | 住房公积金 | 计费人工费＋人工价差－安全文明施工费人工价差 | 63986.12 | 8 | 5118.89 |
| 1.7 | 工程排污费 |  |  |  |  |
| 2 | 税金 | 分部分项工程费＋措施项目费＋其他项目费＋规费 | 304874.07 | 11 | 33536.15 |
|  |  |  |  |  |  |
| 合 计 |  |  |  |  |  |

编制人（造价人员）： 复核人（造价工程师）：

### 表 9-17 发包人提供材料和工程设备一览表

| 序号 | 材料(工程设备)名称、规格、型号 | 单位 | 数量 | 单价/元 | 交货方式 | 送达地点 | 备注 |
|---|---|---|---|---|---|---|---|
|  |  |  |  |  |  |  |  |
|  |  |  |  |  |  |  |  |
|  |  |  |  |  |  |  |  |
|  |  |  |  |  |  |  |  |

### 表 9-18 承包人提供主要材料和设备一览表

| 序号 | 名称、规格、型号 | 单位 | 数量 | 风险系数/% | 基准单价/元 | 投标单价/元 | 发承包人确认单价/元 | 备注 |
|---|---|---|---|---|---|---|---|---|
|  |  |  |  |  |  |  |  |  |
|  |  |  |  |  |  |  |  |  |
|  |  |  |  |  |  |  |  |  |

### 表 9-19 承包人提供材料和工程设备一览表

| 序号 | 名称、规格、型号 | 变值权重 $B$ | 基本价格指数 $F_0$ | 现行价格指数 $F_1$ | 备注 |
|---|---|---|---|---|---|
|  |  |  |  |  |  |
|  |  |  |  |  |  |
|  |  |  |  |  |  |
|  |  |  |  |  |  |

# 第十章　某高层建筑装饰装修工程造价实例解析

## 第一节　建筑装饰装修施工图计算及套价

### 一、装饰装修建筑设计总说明识读

建筑设计总说明

1. 设计依据

1.1 现行的国家有关建筑设计规范、规程和规定:

《住宅设计规范》(GB 50096—2011)　《住宅建筑规范》(GB 50368—2005)

《无障碍设计规范》(GB 50763—2012)　《民用建筑设计通则》(GB 50352—2005)

《屋面工程技术规范》(GB 50345—2012)　《建筑设计防火规范》(GB 50016—2014)

《建筑灭火器配置设计规范》(GB 50140—2005)　《公共建筑节能设计标准》(GB 50189—2015)

《地下工程防水技术规范》(GB 50108—2008)　《建筑内部装修设计防火规范》(GB 50222—95)(2001年版)等

《严寒和寒冷地区居住建筑节能设计标准》(JGJ 26—2010)

《黑龙江省居住建筑节能65%设计标准》(DB23/1270—2008)

2. 项目概况

2.1 工程名称:哈平路绥化路棚改项目4#楼

建设地点:哈尔滨市香坊区哈平路,伊春路与动力南北路交汇处(具体位置详见总平面布置图)

建设单位:哈尔滨棚户区改造开发建设有限责任公司

2.2 本工程建筑面积:10261.92m²(其中阳台:394.65m²;机房层:134.30m²)

2.3 经济指标详见下表:

| 楼号 | 地上总建筑面积/m² | 基底面积/m² | 地上部分/m² | | | | 地下建筑面积/m² | 户数(住宅) | 层数 | 建筑高度/m |
|---|---|---|---|---|---|---|---|---|---|---|
| | | | 住宅面积(不含阳台)/m² | 机房面积 | 阳台面积 | 公建面积 | | | | |
| 4# | 10261.92 | 708.70 | 10127.62 | 134.30 | 394.65 | — | — | 120 | 15 | 45.45 |

| 建筑总面积合计/m² | 总建筑面积:10261.92 |
|---|---|

2.4 建筑层数、高度:地上15层(标准层2.9m),建筑高度45.45m(女儿墙)

2.5 建筑结构形式为剪力墙结构,基础形式为桩基础,建筑结构的类别为一类,使用年限为50年,建筑工程等级为一级,抗震设防烈度为7度

3. 设计标高与尺寸标注

3.1 设计标高:本工程设计标高±0.000相当于绝对标高为169.40m,建筑室内外高差为0.45m

3.2 施工放线:总平面图中所注坐标及建筑尺寸为建筑结构外包尺寸

3.3 标高标注:各层标注标高为建筑完成面面标高,特殊标注标高为结构面标高

3.4 尺寸单位:本工程标高以m为单位,总平面尺寸以m为单位,其他尺寸以mm为单位

4. 墙体工程

4.1 墙体基础部分详见结构图,回填土必须分层夯实,每层厚度200,密实度>94%,边角处需补夯密实

4.2 承重钢筋混凝土墙体见结施,砌筑墙体见建施

4.3 外墙:100mm厚混凝土空心砌块+100mm厚聚苯板(燃烧性能B1级)+200(250)mm厚钢筋混凝土墙

夹心保温墙构造做法参见07J107与07GS617

住宅建筑主体外墙为钢筋混凝土剪力墙,外墙填充采用200mm厚轻集料混凝土小型空心砌块,填充墙做法详见02SG614

室外门窗洞口及钢筋混凝土构件与室外空气直接接触的热桥部位均做保温处理,做法为30mm厚A级复合酚醛板

4.4 内墙:住宅分户墙为200mm厚钢筋混凝土墙(轻集料混凝土小型空心砌块),其他隔墙为100mm厚小型空心混凝土砌块;内隔墙为M5混合砂浆砌筑,住宅部分相临电梯井道墙体贴矿棉板隔音

4.5 卫生间、厨房等有水房间砌block墙距地面200高范围内为C20混凝土,内配2φ8钢筋,φ6箍筋@200

4.6 墙体洞口及封堵:钢筋混凝土墙上的留洞见结施及设备图;砌筑墙留洞见建施及设备图,砌筑墙洞口待管道设备安装完毕后用C20细石混凝土填实,砌筑通风道内壁应随砌随用原浆抹平,与室内相邻一侧墙面抹30厚保温砂浆。管道竖井待管道安装完毕后每层在楼板处用相当于楼板耐火极限的后浇楼板做防火分隔,管道井检修门为丙级防火门,底标高为楼层标高+0.30m

4.7 墙体抹灰 4.7.1 内墙面凡不同墙体材料交接处(包括内墙与梁、楼板交接处),各种线盒及配电箱周边,管线穿墙处,门窗安装前,安装后抹灰接茬处,均应铺钉10mm×10mm钢丝网抹灰,每边搭接尺寸150mm

4.7.2 所有房间阳角均用1:2水泥砂浆做护角,护角宽100mm,高2000mm

4.7.3 窗口及突出墙面的线脚下面均应抹出滴水线,室外散水坡处,防水砂浆做到高于散水坡300mm处

4.8 女儿墙设构造柱及现浇钢筋混凝土压顶

4.9 钢筋混凝土结构与砌体填充墙应脱开或采用柔性连接,并应符合下列要求:

4.9.1 填充墙在平面和竖向的布置,宜均匀对称,宜避免形成薄弱层或短柱

4.9.2 填充墙应沿框架柱全高每隔500~600mm设2φ6拉筋,拉筋伸入墙内的长度宜沿墙全长贯通

4.9.3 墙长大于5m时,墙顶与梁宜有拉结;墙长超过8m或层高2倍时,宜设置钢筋混凝土构造柱;墙高超过4m时,墙体半高宜设置与柱连接且沿墙全长贯通的钢筋混凝土水平系梁

4.9.4 楼梯间和人流通道的填充墙,应采用钢丝网砂浆面层加强

4.10 墙体留洞及封堵:钢筋混凝土墙上留洞见结构施工图和设备施工图,要求各种设备管线的预留洞口应该校对无误后方可施工。在钢筋混凝土结构构件上后凿洞口,填充墙体留洞见建筑施工图,待管道设备安装完毕后,用防火材料封堵。

5. 屋面工程

5.1 本工程屋面设计执行《屋面工程技术规范》(GB 50345—2012)

5.2 本工程屋面防水等级为一级,设一道柔性防水,设防做法为1.5厚CPS-CI反应黏结型高分子湿铺防水卷材2道50厚C20细石混凝土掺防水剂保护层,屋面分格缝做法见《11J930》PJ23(5),找平层设分隔缝做法见PJ23(1,2),屋面保温层每隔

6.0 设通气孔,应做成圆弧,内排水落口周围应做成略低的凹坑

5.3 卷材防水屋面面层与突出屋面结构(女儿墙、立墙、通风道)的交接处以及面层的转角处,水落管等)均应作柔性密封处理

5.4 刚性防水层与山墙,女儿墙以及突出屋面结构的交接处应预留缝隙并应作柔性密封处理;

5.5 屋面保护层50mm厚C20细石混凝土掺3%FS101防水剂,设置30×深40分隔缝,分隔缝内填防水密封膏,细石混凝土防水层应配直径4~6mm间距100~200mm的双向配钢筋网片,钢筋网片在分隔缝处断开,其保护厚度不小于10mm

5.6 屋面保温用100厚挤塑板保温,双层错缝铺设,导热系数0.028W/(m·K)

5.7 本工程高层屋面排水为有组织内排水,风帽顶平面图,雨水管采用直径为DN150镀锌钢管设于水暖管井内

5.8 本工程的所有屋面均设置隔气层,涂刷套防水涂料隔气层,屋面防水施工保证基层干燥,屋面雨水口等处可靠密封。屋面施工完毕后必须按照有关技术规定灌水,检验合格后方可投入使用

6. 门窗工程

6.1 建筑外门窗抗风压性能分级为9级,保温性能分级为10级,气密性能分级为8级

6.2 门窗选用三玻塑钢门窗,门窗类型　用料　颜色　玻璃见门窗表及门窗详图

6.3 窗底距地高900mm,阳台栏杆高度低于1100mm,加设安全防护栏杆,栏杆顶距地高900m,阳台为1100m高

6.4 塑钢门窗框与洞口之间应用聚氨脂发泡剂填充做好保温处理,不得将外框直接嵌入墙体,然后用1:2水泥砂浆抹面

6.5 楼梯间和前室上疏散用的平开防火门应设闭门器,双扇平开防火门安装闭门器和顺序关闭器,常开防火门须安装信号控制

图 10-1

关闭和反馈装置,防火门关闭后应能从任何一侧手动开启,防火门附件由厂家预先设计并配合土建施工,防盗门、电子门的预埋件由厂家提供按要求进行预埋,预埋在墙内或柱内的铁件应做防腐(防锈)处理

6.6 图中门窗的尺寸标注均为洞口尺寸,门窗加工尺寸应按照装修面的厚度由生产厂家进行调整生产,厂家应按门窗立面图及技术要求结合该厂型材实际情况,及建筑物实际洞口尺寸绘制加工图后方可施工

6.7 面积大于 1.5m² 的窗玻璃或玻璃底边离最终装修面小于 500mm 必须使用安全玻璃

7. 装修工程

7.1 外装修设计和做法索引见"立面图"及外墙详图;设有外墙外保温的建筑构造详见索引标准图及外墙详图

7.2 承装商进行二次设计轻钢结构,装修物等,经确认后,向建筑设计单位提供预埋件的设置要求

7.3 窗口及突出墙面的线角下面均抹出滴水线,做法详见 10J121-PH-12-A.所有室外线脚顶部排水坡度为 3%

7.4 内装修工程执行《建筑内部装修设计防火规范》(GB 50222—95)(2001 年版)楼地面部分执行《建筑地面设计规范》(GB 50037—2013);《民用建筑工程室内环境污染控制规范》(GB 50352—2005),其详见室内装修一览表

7.5 厨房、厕所等有水房间内墙面及顶棚抹灰 1:3 水泥砂浆,厨房、卫生间内厨具与洁具均为示意,由用户自行购买

7.6 室内墙面抹灰前,钢筋混凝土墙与陶粒砌块相接处加铺 200 宽六角镀锌钢丝网,沿缝通长设置,用衬钉将钢板网绷紧,钉牢

7.7 混凝土空心砌块内隔墙两侧挂玻璃丝纤维网抹拉裂砂浆,防止墙面抹面层开裂

7.8 卫生间及厨房地面防水层,四周上返 300mm,设地漏,房间地面以 1%坡度坡向地漏,且有水房间地面低于其他房间地面 30mm 以上

7.9 装修选用的各项材料其材质 规格 颜色等,均由施工单位提供样板,经建设和设计单位确认后进行封样,并据此验收

8. 防腐防锈工程

凡埋入砌体和混凝土内的金属构件,外露部分先刷防锈漆一道,再刷铅油两道,凡与砌体和混凝土接触的木制构件,其接触面均刷沥青防腐

9. 室内环境

外窗隔声不小于 30dB.户门不小于 25dB.楼板采用现浇钢筋混凝土板 100-120 厚,楼板不应小于 40dB

(分隔住宅和非居住用途空间的楼板不应小于 55dB)

分户承重墙采用 200 厚钢筋混凝土墙,分户非承重墙采用 200 厚轻集料混凝土小型空心砌块,隔声量不应小于 40dB

10. 建筑无障碍设计

10.1 本工程考虑了无障碍设计,首层住宅门厅处设置了无障碍电梯栏杆,扶手距地 0.85m

10.2 建筑入口平台宽度 2.2m,供轮椅通行的走道和通道净宽不小于 1.5m,供轮椅通行的门扇,安装视线观察玻璃,横执把手和关门拉手,在门扇的下方安装 0.35m 的护门板

10.3 候梯厅轿厢按钮高度 0.90~1.10m,每层电梯口安装楼层标志及选层按钮,电梯口设提示盲道显示与音响应清晰显示轿箱上下运行方式和层数位置及电梯抵达音响,建筑无障碍设计选用图集 12J926,建筑入口处设置无障碍坡道

11. 室外工程及其他

11.1 外挑雨篷,室外台阶,坡道,散水坡等室外构件做法见此节点详图,所有室外地面明露混凝土构件均需在室外冻深范围内增设防冻胀层,做法为素土夯实层上加铺 300 厚中粗砂,出挑钢筋混凝土板需做伸缩缝,见结构图

11.2 阳台,上人屋面,室内外楼梯,窗台等临空处设置防护栏杆,并符合下列规定:

    11.2.1 栏杆应以坚固耐久的材料制作,并能承受荷载规范规定的水平荷载

    11.2.2 防护栏杆高度为 1.1m,栏杆应防止攀登,垂直杆件间净距不应大于 0.11m

    11.2.3 栏杆高度应从楼地面或屋面至栏杆扶手顶面垂直高度计算,如底部有宽度大于

    11.2.4 栏杆高度应从楼地面或屋面至栏杆扶手顶面垂直高度计算,如底部有宽度大于 0.22m,且高度低于或等于 0.45m 的可踏部位则高度从可踏部位顶面起计算

11.3 散水坡纵向每隔 6m 需设伸缩缝一道,缝宽 20mm,散水坡与外墙间设通长缝,缝宽 10,缝内满入填沥青胶泥,面层加设 φ6@200 的钢筋网;楼梯踏步边缘预埋角钢或钢条

11.4 本工程中凡穿楼板的上下水管、暖气管、煤气管均应做套管,套管顶端应高于室内地面不小于 30mm,待管线安装完毕后用耐火材料封堵

11.5 灯具送回风口等影响美观的器具须经建设单位与设计单位确认样品后,方可批量加工,安装

11.6 厨房,卫生间内通风道选用变压式通风道,由建设单位订购,通风道均在墙柱,梁边设置,做法见《LJ813》中第 5,6 页相关节点,楼板留洞尺寸为通风道尺寸双向各加 20mm

11.7 施工时请与结构,给排水,暖通,电气专业密切配合,对预留孔洞施工前应与各专业技术人员核对预留孔洞数量,位置,尺寸后方可施工,以确保工程质量

11.8 图中所选用标准图中对结构的预埋件,预留洞,如楼梯,平台栏杆,门窗建筑配件,本图所标注的各种留洞与预埋件应与各工程密切配合后确认无误方可施工

11.9 设计图中采用的标准图,通用图,不论采用其局部节点或全部详图,均按照该图集及总说明和有关要求全面配合施工

11.10 本工程住宅楼梯采用钢质栏杆及扶手,水平扶手高度为 1.1m,栏杆应防止攀登,垂直杆件间净距不应大于 0.11m

11.11 电梯机坑采用 4mm 钢板为内模,以增强电梯机坑防水能力

11.12 对施工图如需要更改,要经设计者认定提出设计变更及修改意见后方可改动,施工严格执行国家各项施工质量验收规范。本施工图纸需经规划,消防,人防,卫生等行政审批部门及施工图审查机构审批合格后方可施工

11.13 信报箱按 GB 50631—2010《住宅信报箱工程设计规范》设置,每户一个设于一层门斗内

12. 防火设计说明

12.1 总平面设计和消防救援设施

12.1.1 本工程周边均为二级耐火等级现状或规划建筑,建筑间距满足防火规范规定

12.1.2 城市道路与规划小区道路构成环状消防车道,高层住宅北侧布置消防车登高操作场地,该范围内的裙房进深不大于 4m 消防车道净宽及净高不小于 4.0m,转弯半径 9m,高层 12m;消防车道靠建筑外墙一侧的边缘距离建筑外墙 5.0m 消防车道的路面救援操作场地,消防车道和救援操作场地下面的管道和暗沟等,能承受重型消防车的压力,荷载 30t/m

12.1.3 本工程住宅每单元设置两部消防电梯,载重量均为 1000kg,剪刀楼梯间的共用前室与消防电梯前室合用,面积不小于 12m²,短边长度不小于 2.4m,并在首层直通室外或经过长度不大于 30m 的通道通向室外,合用前室的门采用乙级防火门,在首层的消防电梯入口处设置供消防队员专用的操作按钮,电梯轿厢的内部装修采用不燃材料,电梯轿厢内部设置专用消防对讲电话。

12.2 建筑物防火设计

12.2.1 地下层另见地下停车库说明

12.2.2 住宅部分每层为一个防火分区,每个单元设一部通向屋顶的疏散楼梯,单元间楼梯通过屋顶连通,楼梯间室与消防电梯前室合用,面积不小于 6m²,每单元三户,全部户门均开向前室,户门为乙级防火门,相邻两户的窗间墙宽度不小于 1.0m,上下两户窗槛墙高度不小于 1.2m(含封闭阳台),楼梯间设有外窗有天然采光和自然通风,前室均设机械加压送风装置,户门和安全出口的净宽度不小于 0.9m,疏散走道疏散楼梯和首层疏散外门的净宽度不小于 1.10m,楼梯间与前室门均为乙级防火门,防火门向疏散方向开启

12.2.3 疏散距离,住宅户内任意一点距户门不大于 22m,任一户门至最近疏散楼梯间入口的距离不大于 10m 首层楼梯间应直接对外出口

12.2.4 本工程为二类高层,各主要建筑构件耐火极限符合一级耐火等级建筑要求

| 防火墙 | 承重墙 | 外墙走道隔墙 | 楼电梯分隔墙 | 其他隔墙 | 柱 | 梁 | 楼板、屋面板疏散楼梯 | 吊顶 |
|---|---|---|---|---|---|---|---|---|
| 不燃 3.0h | 不燃 2.5h | 不燃 1.0h | 不燃 2.0h | 不燃 0.5h | 不燃 2.5h | 不燃 1.5h | 不燃 1.0h | 不燃 0.25h |

12.2.5 预制钢筋构件的节点缝隙,加设防火保护层,其耐火极限不低于相应建筑构件的耐火极限

12.2.6 按规定配置灭火器,见平面图

12.2.7 本工程为剪力墙结构,桩一筏基础,地上外墙为 200mm 厚轻集料混凝土小型空心砌块(钢筋混凝土墙)贴 100mm 厚燃烧性能 B1 级的聚苯板+100mm 厚小型空心混凝土砌块,内墙为小型空心混凝土砌块,屋面为钢筋混凝土平屋面 屋面保温材料为燃烧性能 B1 级挤塑板,50mm 厚 C20 细石混凝土保护层

12.2.8 管道井门为丙级防火门,井内每层在楼板标高处用相当于楼板耐火极限的不燃材料分隔

12.2.9 各层安全出口上方均设不燃烧雨棚,外挑大于 1.0m,耐火极限不小于 1.5h

13. 节能设计说明

13.1 本工程为节能建筑,所在城市的建筑气候分区为住宅为严寒地区 B 区,公建为严寒地区 A 区

13.2 各部分构造及物理性能指标详见节能设计专篇

13.3 本工程所选保温材料:

聚苯板燃烧性能为 B1 级,导热系数 0.041.密度 20kg/m³

酚醛保温板,燃烧性能为 A 级,导热系数<0.034,密度<50kg/m³

挤塑苯板燃烧性能为 B1 级,导热系数 0.028,密度 30kg/m³

岩棉板,燃烧性能为 A 级,导热系数<0.034,密度<50kg/m³

**电梯选型表**

| 电梯种类 | 额定载重量/kg | 额定速度/(m/s) | 运行高度/m | 站数 | 台数 | 备注 |
|---|---|---|---|---|---|---|
| 乘客电梯 | 1000 | 2.0 | 40.60 | 15 | 3 | 每单元电梯兼消防,无障碍,担架电梯 |

图 10-1 某建筑装饰装修设计总说明

图 10-1 识读要点:可以从图中得出本工程的基础信息(例如工程名称、建筑面积、设计规范等内容)。

## 二、构造做法表的识读

装饰装修构造做法表的识读以图 10-2 为例进行解读。

### 构造做法表

| 编号及名称 | 构造层次及参见图集 |
|---|---|
| **楼 1**<br>水泥砂浆楼面（有防水层） | 11J930 G36 页楼 103L210 具体构造如下 |
| | 8~10 厚地砖，干水泥擦缝 |
| | 20 厚 1:3 干硬性水泥砂浆结合层（面层用户自理） |
| | 1.5 厚聚氨酯涂料防水层 |
| | 最薄处 60 厚细石混凝土（上下配 φ3@50 钢丝网片，中间配散热管），兼做找坡层 |
| | 0.2 厚真空镀铝聚酯薄膜 |
| | 20 厚聚苯乙烯泡沫板（密度≤20kg/m³） |
| | 1.5 厚聚氨酯涂料防潮层 |
| | 20 厚 1:3 水泥砂浆找平层 |
| **楼 2**<br>水泥砂浆楼面 | 11J930 G34 页楼 99 L130 具体构造如下 |
| | 8~10 厚木质地板，干水泥擦缝 |
| | 20 厚 1:3 干硬性水泥砂浆结合层（面层用户自理） |
| | 水泥浆一道（内掺建筑胶） |
| | 60 厚细石混凝土（上下配 φ3@50 钢丝网片，中间配散热管） |
| | 0.2 厚真空镀铝聚酯薄膜 |
| | 20 厚聚苯乙烯泡沫板（密度≤20kg/m³） |
| | 1.5 厚聚氨酯涂料防潮层 |
| | 20 厚 1:3 水泥砂浆找平层 |
| **楼 3**<br>面砖楼面 | 11J930 G6 页楼 13 L30 具体构造如下 |
| | 8~10 厚地砖，干水泥擦缝 |
| | 20 厚 1:3 干硬性水泥砂浆结合层，表面撒水泥粉 |
| | 水泥浆一道（内掺建筑胶） |
| | 80 厚细石混凝土垫层 |
| | 现浇钢筋混凝土板 |
| **楼 4**<br>细石混凝土楼面 | 11J930 G4 页楼 7 L40 具体构造如下 |
| | 100 厚 C20 细石混凝土，表面撒 1:1 水泥砂子随打随抹光 |
| | 水泥浆一道（内掺建筑胶） |
| | 现浇钢筋混凝土板 |
| **楼 5**<br>水泥砂浆楼面 | 11J930 G2 页楼 1 L20 具体构造如下 |
| | 20 厚 1:2.5 水泥砂浆 |
| | 水泥浆一道（内掺建筑胶） |
| | 现浇钢筋混凝土板 |
| **内墙 1**<br>混合砂浆 | 11J930 H3 页内墙 1 具体构造如下 |
| | 涂料饰面（用户自理） |
| | 5 厚 1:0.5:2.5 水泥石灰膏砂浆找平 |
| | 9 厚 1:0.5:3 水泥石灰膏砂浆打底扫毛或划出纹道 |
| | 素水泥浆一道（内掺建筑胶） |
| **内墙 2**<br>面砖墙面 | 11J930 H11 页内墙 34 具体构造如下 |
| | 1:1 彩色水泥细砂砂浆（白水泥擦缝）或专用勾缝剂勾缝 |
| | 5-7 厚面砖（粘贴前先将面砖浸水 2h 以上） |
| | 5 厚 1:2 建筑胶水泥砂浆（或专用胶）粘贴层 |
| | 素水泥浆一道（用专用胶粘贴时无此道工序） |
| | 9 厚 1:3 水泥砂浆打底扫毛（用专用胶粘贴时要求压实抹平） |
| **内墙 3**<br>涂料墙面 | 11J930 H6 页内墙 13 具体构造如下 |
| | 涂料饰面 |
| | 2 厚面层耐水腻子分遍刮平 |
| | 9 厚 1:0.5:3 水泥石灰膏砂浆分遍砂平 |

| 编号及名称 | 构造层次及参见图集 |
|---|---|
| **棚 1**<br>混合砂浆 | 11J930 H23 页顶 1 具体构造如下 |
| | 素水泥浆一道甩毛（内掺建筑胶） |
| | 5 厚 1:0.5:3 水泥石灰膏砂浆打底扫 |
| | 3~5 厚底基防裂腻子满遍找平 |
| | 2 厚面层耐水腻子刮平 |
| | 涂料饰面 |
| **棚 2**<br>石膏板 | 11J930 H26 页顶 13 具体构造如下 |
| | 钢筋混凝土板预留 φ10 钢筋吊环（钩），中距横向≤800，纵向≤429 |
| | （预制混凝土板可在板缝内预留吊环） |
| | 10 号镀锌低碳钢丝（或 φ6 钢筋），吊杆，中距横向≤800，纵向≤429， |
| | 吊杆上部与预留钢筋吊环固定 |
| | U 型轻钢次龙骨 CB60×27（或 CB50×20）中距 429 |
| | U 型轻钢次龙骨横撑 CB60×27（或 BC50×20）中距 1200 |
| | 9.5(12) 厚纸面石膏板，用自攻螺钉与龙骨固定，中距≤200 |
| | 满刷氯偏乳液（或乳化光油）防潮涂料两道，横纵向各刷一道， |
| | （防水石膏板无此道工序）满刮 2 厚耐水腻子找平 |
| **棚 3**<br>水泥砂浆 | 11J930 H23 页顶 4 具体构造如下 |
| | 素水泥浆一道（内掺建筑胶） |
| | 5 厚 1:3 水泥砂浆打底扫毛 |
| | 3 厚 1:2.5 水泥砂浆找平（内掺防水剂） |
| | 涂料饰面 |
| **踢 1**<br>水泥砂浆暗踢脚 | 11J930 H27 页 2 具体构造如下 |
| | 10 厚 1:2 水泥砂浆粘贴 |
| | 面层压光 |
| | 10 厚 1:3 水泥砂浆打底 |
| | 扫毛或划出纹道 |
| | 墙体 |
| **踢 2**<br>地砖踢脚 | 11J930 H27 页 4 具体构造如下 |
| | 10 厚彩色釉面砖通体砖 |
| | 10 厚 1:2 水泥砂浆粘贴 |
| | 素水泥浆一道 |
| | 墙体 |
| **外墙 1**<br>夹心保温墙干挂石材 | 干挂石材（做法参见 11J930 F7 页 16） |
| | 夹心保温墙（做法参见 07J107） |
| | 20 厚 1:3 水泥砂浆 |
| | 100 厚小型空心混凝土砌块（与墙体拉结参见 07SG617） |
| | 100 厚挤塑板（燃烧性能 B1 级） |
| | 基层墙体 |
| **外墙 2**<br>夹心保温墙涂料 | 夹心保温墙（做法参见 07J107） |
| | 刮腻子刷外墙涂料，颜色见立面 |
| | 20 厚 1:3 水泥砂浆 |
| | 100 厚小型空心混凝土砌块（与墙体拉结参见 07SG617） |
| | 100 厚聚苯板（燃烧性能 B1 级） |
| | 基层墙体 |
| **外墙 3**<br>复合酚醛保温板涂料 | 10J121A-1 页 A1 型具体构造如下 |
| | 刮腻子刷外墙涂料，颜色见立面 |
| | 间距不大于 600 锚栓固定，压住底层玻纤网 |
| | 5 厚抗裂水泥砂浆（压入一层玻纤网格布） |

| 编号及名称 | 构造层次及参见图集 |
|---|---|
| **外墙 3**<br>复合酚醛保温板涂料 | 100mm 厚复合酚醛保温板（燃烧性能 A 级） |
| | 黏结层（涂胶黏剂面积不少于保温板面积的 60%） |
| | 20 厚 M5 水泥砂浆找平层 |
| | 基层墙体 |
| **外墙 4**<br>地下防水 | 20 厚 M20 防水水泥砂浆 |
| | 120 厚非黏土砖护墙 |
| | 粘贴 70 厚挤塑板保温层 |
| | 20 厚 M5 水泥砂浆找平层 |
| | 1.5 厚 CPS-CI 反应黏结型高分子湿铺防水卷材 2 道 |
| | 20 厚 M5 水泥砂浆找平层 |
| | P6 级抗渗钢筋混凝土侧墙 |
| **女儿墙 1**<br>夹心保温墙涂料 | 夹心保温墙（做法参见 07J107） |
| | 刮腻子刷外墙涂料，颜色见立面 |
| | 20 厚 1:3 水泥砂浆 |
| | 100 厚小型空心混凝土砌块（与墙体拉结参见 07SG617） |
| | 100 厚聚苯板（燃烧性能 B1 级） |
| | 基层墙体 |
| **女儿墙 2**<br>夹心保温墙涂料 | 50 厚复合酚醛保温板（燃烧性能 A 级） |
| | 1.5 厚 CPS-CI 反应黏结型高分子湿铺防水卷材 2 道 |
| | 20 厚 1:2.5 水泥砂浆找平层 |
| | 10J121A-1 页 A1 型具体构造如下 |
| | 刮腻子刷外墙涂料，颜色见立面 |
| | 间距不大于 600 锚栓固定，压住底层玻纤网 |
| | 5 厚抗裂水泥砂浆（压入一层玻纤网格布） |
| | 100 厚复合酚醛保温板（燃烧性能 A 级） |
| | 粘结层（涂胶黏剂面积不少于保温板面积的 60%） |
| | 20 厚 M5 水泥砂浆找平层 |
| | 基层墙体 |
| **屋 1**<br>上人屋面 | 50 厚复合酚醛保温板（燃烧性能 A 级） |
| | 1.5 厚 CPS-CI 反应黏结型高分子湿铺防水卷材 2 道 |
| | 20 厚 1:2.5 水泥砂浆找平层 |
| | 50 厚 C20 细石混凝土掺 3% FS101 防水砂浆配 φ6@200 钢筋网间距 2000 设分格缝填充油膏嵌缝 |
| | 0.8 厚土工布隔离层 |
| | 1.5 厚 CPS-CI 反应黏结型高分子湿铺防水卷材 2 道 |
| | 20 厚 1:2.5 水泥砂浆找平层 |
| | C7.5 厚炉渣混凝土找坡层最薄处 30 厚 |
| | 100 厚挤塑苯板保温（双层错缝搭接） |
| | 隔汽层：400 克 SBC120 一道 |
| | 20 厚 1:3 水泥砂浆找平层 |
| | 钢筋混凝土屋面板 |

注：1. 外贴保温板采用点框法粘贴使用锚栓作为辅助固定件，保温板宽度不应大于 1200，高度不应大于 600，连续长度或高度超过 20m 应设系统伸缩缝，做法见 10J121H11 页，门窗洞口四角处保温板不得拼接，应采用整板切割成形。

2. 所有用水房间地面使用前均应做防水处理，满足国家相应规范要求。

3. 屋顶机房地面做 30 厚 A 级酚醛保温板。

4. 本工程所选用的保温及防水卷材均按建设方要求选用。

图 10-2 某装饰装修工程构造做法表

图 10-2 识读要点：通过施工做法表可以清晰地知道本建筑装饰装修的具体做法及所使用的材料。

## 十四、顶层墙面工程量计算及套价

### 1. 工程量计算

① 起居室墙面工程量计算

墙面抹灰面积＝原始抹灰面积－窗所占面积－门所占面积

$$＝3.800×(2.400+0.750+0.750)-2.400×2.300-0.900×2.100=7.41（m^2）$$

墙面块料面积＝原始抹灰面积－窗所占面积－门所占面积

$$＝3.800×(2.400+0.750+0.750)-2.400×2.300-0.900×2.100=7.41（m^2）$$

计算解析：3.800m 为起居室墙的宽度；（2.400＋0.750＋0.750）m 为起居室墙的长度；（2.400m×2.300m）为门 MC2423 的尺寸；（0.900m×2.100m）为门 NM0921 的尺寸。

② 卧室墙面工程量计算

墙面抹灰面积＝原始抹灰面积－窗所占面积－门所占面积

$$＝3.600×5.100-1.800×1.700-0.900×2.100=13.41（m^2）$$

墙面块料面积＝原始抹灰面积－扣除窗所占面积－扣除门所占面积

$$＝3.600×5.100-1.800×1.700-0.900×2.100=13.41（m^2）$$

计算解析：3.600 为卧室墙的宽度；5.100 为卧室墙的长度；（1.800m×1.700m）为窗 C1817 的尺寸；（0.900m×2.100m）为门 NM0921 的尺寸。

③ ㉓～㉔轴交Ⓚ～Ⓛ轴卧室墙面工程量计算

墙面抹灰面积＝原始抹灰面积－窗所占面积－门所占面积

$$＝3.150×(1.800+2.700)-(1.500×1.400)-(0.900×2.100)=10.185（m^2）$$

墙面块料面积＝原始抹灰面积－窗所占面积－扣除门所占面积

$$＝3.150×(1.800+2.700)-(1.500×1.400)-(0.900×2.100)=10.185（m^2）$$

计算解析：3.150m 为㉓～㉔轴交Ⓚ～Ⓛ轴卧室墙的宽度；（1.800m＋2.700m）为㉓～㉔轴交Ⓚ～Ⓛ轴卧室墙的长度；（1.500m×1.400m）为门 C1514 的尺寸；（0.900m×2.100m）为门 NM0921 的尺寸。

④ ⑫～⑭轴交Ⓐ～Ⓓ轴卧室墙面工程量计算

墙面抹灰面积＝原始抹灰面积－窗所占面积－门所占面积

$$＝3.600×5.100-(1.800×1.700)-(0.900×2.100)=13.41（m^2）$$

墙面块料面积＝原始抹灰面积－窗所占面积－门所占面积

$$＝3.600×5.100-(1.800×1.700)-(0.900×2.100)=13.41（m^2）$$

计算解析：3.600m 为⑫～⑭轴交Ⓐ～Ⓓ轴卧室墙面的宽度；5.100m 为⑫～⑭轴交Ⓐ～Ⓓ轴卧室墙面的长度；（0.900m×2.100m）为门 NM0921 的尺寸；（1.800m×1.700m）为窗 C1817 的尺寸。

### 2. 工程量套价

把图 10-8 工程量计算得出的数据代入表 10-6 中，即可得到该部分工程量的价格。

表 10-6 墙面抹灰工程计价表

| 序号 | 项目编码 | 名称 | 项目特征描述 | 计量单位 | 工程量 | 金额/元 | | |
|---|---|---|---|---|---|---|---|---|
| | | | | | | 综合单价 | 合价 | 其中 |
| | | | | | | | | 暂估价 |
| 1 | 011201001002 | 图 10-8 中①墙面抹灰 | 9mm 厚 1:0.5:3 水泥石灰膏砂浆打底扫毛或划出纹道 | m² | 7.41 | 22.81 | 169.02 | |
| 2 | 011201001002 | 图 10-8 中②墙面抹灰 | 9mm 厚 1:0.5:3 水泥石灰膏砂浆打底扫毛或划出纹道 | m² | 13.41 | 22.81 | 305.88 | |
| 3 | 011201001002 | 图 10-8 中③墙面抹灰 | 9mm 厚 1:0.5:3 水泥石灰膏砂浆打底扫毛或划出纹道 | m² | 10.185 | 22.81 | 232.32 | |
| 4 | 011201001002 | 图 10-8 中④墙面抹灰 | 9mm 厚 1:0.5:3 水泥石灰膏砂浆打底扫毛或划出纹道 | m² | 13.41 | 22.81 | 305.88 | |

注：1. 表中的工程量是根据图 10-8 中工程量计算得出的数据。

2. 表中的综合单价是根据 2010 年《黑龙江省建设工程计价依据》得出的，在计算过程中可根据该工程所使用的定额计算出综合单价。

### 十五、首层天棚施工图识读

首层天棚施工的识读以图 10-9 为例进行解读。

图 10-9 识读要点：首先应该确定本图中房间的长度、宽度，从而计算出面积；其次查看天棚施工所用材料，为后面的工程量计算打基础。

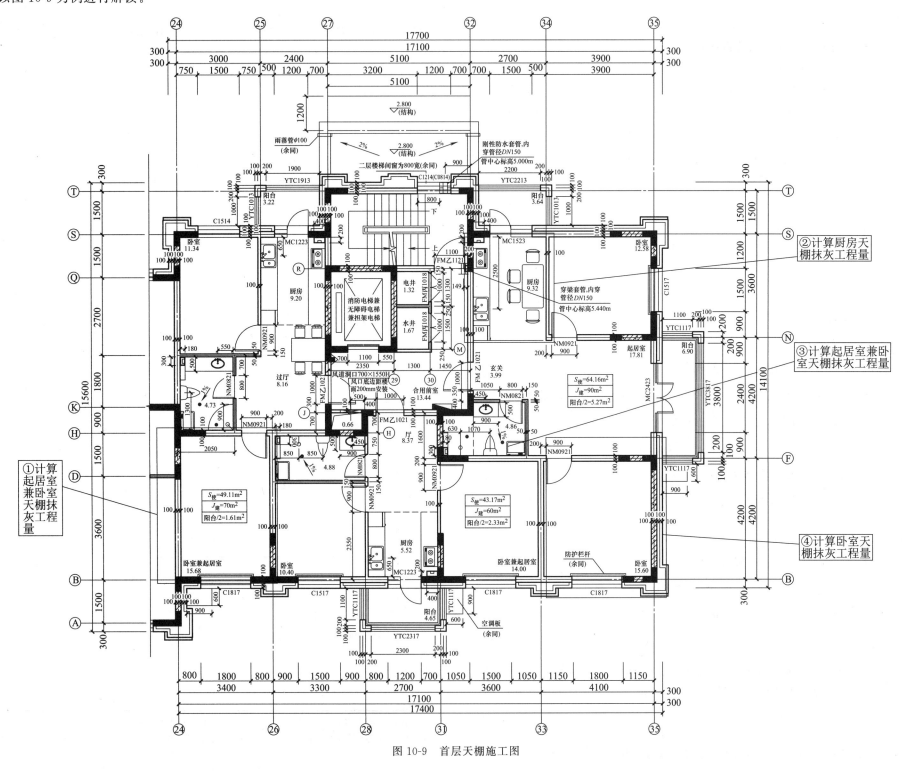

图 10-9　首层天棚施工图

## 十六、首层天棚工程量计算及套价

### 1. 工程量计算

① 起居室兼卧室天棚工程量

起居室兼卧室天棚抹灰工程量＝天棚长度×天棚宽度＝3.600×3.400＝12.24（m²）

起居室兼卧室天棚吊顶工程量＝天棚长度×天棚宽度＝3.600×3.400＝12.24（m²）

计算解析：3.600m 为起居室兼卧室天棚的长度；3.400m 为起居室兼卧室天棚的宽度。

② 厨房天棚工程量计算

厨房天棚抹灰工程量＝天棚长度×天棚宽度＝2.700×（2.500＋0.900）＝9.18（m²）

厨房天棚吊顶工程量＝天棚长度×天棚宽度＝2.700×（2.500＋0.900）＝9.18（m²）

计算解析：2.700 为厨房天棚的宽度；（2.500＋0.900）为厨房天棚的长度。

③ ㉛～㉝轴交Ⓑ～Ⓕ轴起居室兼卧室天棚工程量

起居室兼卧室天棚抹灰工程量＝天棚长度×天棚宽度＝3.600×4.200＝15.12（m²）

起居室兼卧室天棚吊顶工程量＝天棚长度×天棚宽度＝3.600×4.200＝15.12（m²）

计算解析：4.200m 为起居室兼卧室天棚的长度，3.600m 为起居室兼卧室天棚的宽度。

④ ㉝～㉟轴交Ⓑ～Ⓕ轴卧室天棚工程量计算

卧室天棚抹灰工程量＝天棚长度×天棚宽度＝4.100×4.200＝17.22（m²）

卧室天棚吊顶工程量＝天棚长度×天棚宽度＝4.100×4.200＝17.22（m²）

计算解析：4.100m 为卧室天棚的宽度；4.200m 为卧室天棚的长度。

### 2. 工程量套价

图 10-9 工程量计算得出的数据代入表 10-7 中，即可得到该部分工程量的价格。

表 10-7　天棚工程计价表

| 序号 | 项目编码 | 名称 | 项目特征描述 | 计量单位 | 工程量 | 综合单价 | 合价 | 其中 暂估价 |
|---|---|---|---|---|---|---|---|---|
| 1 | 011301001001 | 图 10-9①中天棚抹灰工程量 | 5mm 厚 1∶0.5∶3 水泥石灰膏砂浆打底扫毛 | m² | 12.24 | 16.76 | 205.14 | |
| 2 | 011302001001 | 图 10-9①中天棚吊顶工程量 | (1)龙骨材料种类、规格、中距:型钢 (2)面层材料品种、规格:石膏板 | m² | 12.24 | 73.16 | 859.48 | |
| 3 | 011301001001 | 图 10-9②中天棚抹灰工程量 | 5mm 厚 1∶0.5∶3 水泥石灰膏砂浆打底扫毛 | m² | 9.18 | 16.76 | 153.86 | |
| 4 | 011302001001 | 图 10-9②中天棚吊顶工程量 | (1)龙骨材料种类、规格、中距:型钢 (2)面层材料品种、规格:石膏板 | m² | 9.18 | 73.16 | 671.61 | |
| 5 | 011301001001 | 图 10-9③中天棚抹灰工程量 | 5mm 厚 1∶0.5∶3 水泥石灰膏砂浆打底扫毛 | m² | 15.12 | 16.76 | 253.41 | |
| 6 | 011302001001 | 图 10-9③中天棚吊顶工程量 | (1)龙骨材料种类、规格、中距:型钢 (2)面层材料品种、规格:石膏板 | m² | 15.12 | 73.16 | 1106.18 | |
| 7 | 011301001001 | 图 10-9④中天棚抹灰工程量 | 5mm 厚 1∶0.5∶3 水泥石灰膏砂浆打底扫毛 | m² | 17.22 | 16.76 | 288.61 | |
| 8 | 011302001001 | 图 10-9④中天棚吊顶工程量 | (1)龙骨材料种类、规格、中距:型钢 (2)面层材料品种、规格:石膏板 | m² | 17.22 | 73.16 | 1259.82 | |

注：1. 表中的工程量是根据图 10-9 中工程量计算得出的数据。

　　2. 表中的综合单价是根据 2010 年《黑龙江省建设工程计价依据》得出的，在计算过程中可根据该工程所使用的定额计算出综合单价。

81

### 十七、标准层天棚施工图识读

标准层天棚施工图的识读以图 10-10 为例进行解读。

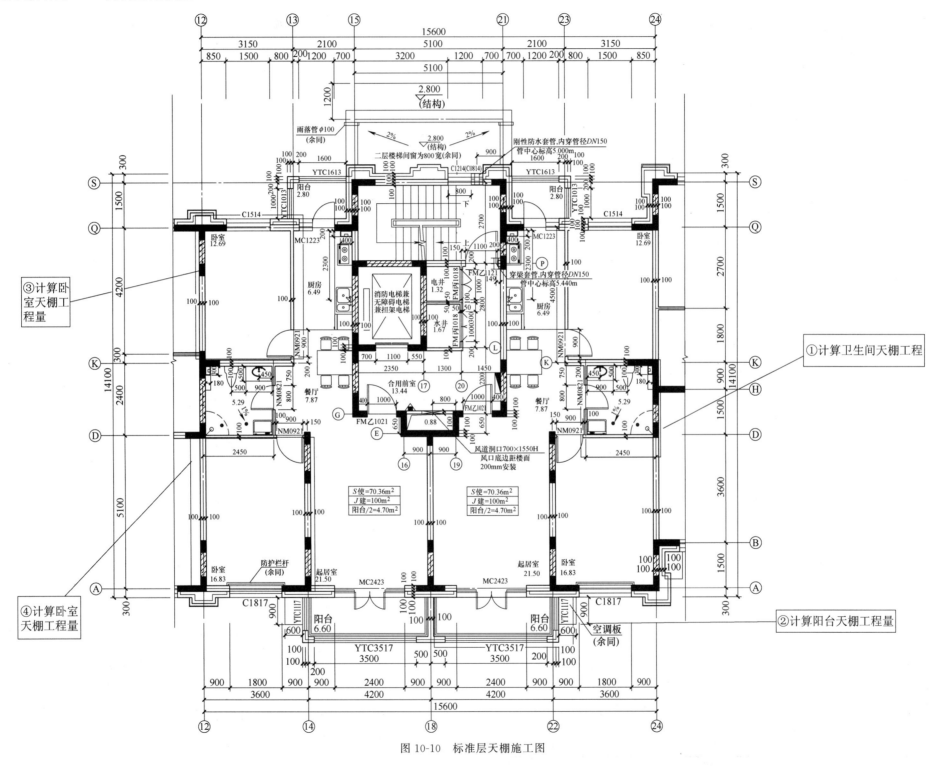

图 10-10　标准层天棚施工图

## 十八、标准层天棚工程量计算及套价

### 1. 工程量计算

① 卫生间天棚工程量

卫生间天棚抹灰工程量＝天棚长度×天棚宽度＝（1.500＋0.900）×（1.800＋0.900）＝6.48（m²）

卫生间天棚吊顶工程量＝天棚长度×天棚宽度＝（1.500＋0.900）×（1.800＋0.900）＝6.48（m²）

计算解析：（1.800＋0.900）m 为卫生间天棚的长度；（1.500＋0.900）m 为卫生间天棚的宽度。

② 阳台天棚工程量计算

阳台天棚抹灰工程量＝天棚长度×天棚宽度＝4.200×0.900＝3.78（m²）

阳台天棚吊顶工程量＝天棚长度×天棚宽度＝4.200×0.900＝3.78（m²）

计算解析：0.900 为阳台天棚的宽度；4.200 为阳台天棚的长度。

③ ⑫～⑬轴交Ⓚ～Ⓠ轴卧室天棚工程量

卧室天棚抹灰工程量＝天棚长度×天棚宽度＝4.200×3.150＝13.23（m²）

卧室天棚吊顶工程量＝天棚长度×天棚宽度＝4.200×3.150＝13.23（m²）

计算解析：4.200m 为卧室天棚的长度；3.150m 为卧室天棚的宽度。

④ ⑫～⑭轴交Ⓐ～Ⓓ轴卧室工程量计算

⑫～⑭轴交Ⓐ～Ⓓ轴卧室天棚抹灰工程量＝天棚长度×天棚宽度

＝3.600×5.100＝18.36（m²）

⑫～⑭轴交Ⓐ～Ⓓ轴卧室天棚吊顶工程量＝天棚长度×天棚宽度

＝3.600×5.100＝18.36（m²）

计算解析：3.600m 为⑫～⑭轴交Ⓐ～Ⓓ轴卧室天棚的宽度；5.100m 为⑫～⑭轴交Ⓐ～Ⓓ轴卧室天棚的长度。

### 2. 工程量套价

图 10-10 工程量计算得出的数据代入表 10-8 中，即可得到该部分工程量的价格。

**表 10-8　天棚工程计价表**

| 序号 | 项目编码 | 名称 | 项目特征描述 | 计量单位 | 工程量 | 综合单价 | 合价 | 其中<br>暂估价 |
|---|---|---|---|---|---|---|---|---|
| 1 | 011301001001 | 图 10-10①中天棚抹灰工程量 | 5mm 厚 1：0.5：3 水泥石灰膏砂浆打底扫毛 | m² | 6.48 | 16.76 | 108.60 | |
| 2 | 011302001001 | 图 10-10①中天棚吊顶工程量 | (1)龙骨材料种类、规格、中距：型钢<br>(2)面层材料品种、规格：石膏板 | m² | 6.48 | 73.16 | 474.08 | |
| 3 | 011301001001 | 图 10-10②中天棚抹灰工程量 | 5mm 厚 1：0.5：3 水泥石灰膏砂浆打底扫毛 | m² | 3.78 | 16.76 | 63.35 | |
| 4 | 011302001001 | 图 10-10②中天棚吊顶工程量 | (1)龙骨材料种类、规格、中距：型钢<br>(2)面层材料品种、规格：石膏板 | m² | 3.78 | 73.16 | 276.54 | |
| 5 | 011301001001 | 图 10-10③中天棚抹灰工程量 | 5mm 厚 1：0.5：3 水泥石灰膏砂浆打底扫毛 | m² | 13.23 | 16.76 | 221.73 | |
| 6 | 011302001001 | 图 10-10③中天棚吊顶工程量 | (1)龙骨材料种类、规格、中距：型钢<br>(2)面层材料种、规格：石膏板 | m² | 13.23 | 73.16 | 967.91 | |
| 7 | 011301001001 | 图 10-10④中天棚抹灰工程量 | 5mm 厚 1：0.5：3 水泥石灰膏砂浆打底扫毛 | m² | 18.36 | 16.76 | 307.71 | |
| 8 | 011302001001 | 图 10-10④中天棚吊顶工程量 | (1)龙骨材料种类、规格、中距：型钢<br>(2)面层材料品种、规格：石膏板 | m² | 18.36 | 73.16 | 1343.22 | |

注：1. 表中的工程量是根据图 10-10 中工程量计算得出的数据。

2. 表中的综合单价是根据 2010 年《黑龙江省建设工程计价依据》得出的，在计算过程中可根据该工程所使用的定额计算出综合单价。

### 十九、门窗统计表及详图识读

门窗表及详图的识读以图 10-11 为例进行解读。

门窗表

| 类别 | 编号 | | 门窗洞口尺寸<br>(宽×高)/mm | 樘数 | | | | 材料 | 说明 |
|---|---|---|---|---|---|---|---|---|---|
| | | | | 设备层 | 1层 | 2~15层 | 阁层 | 总计 | | |
| 电子门 | 1 | DZM1523 | 1500×2300 | 3 | | | | 3 | 电子单元门 | 购成品 |
| 防火门 | 2 | FM甲1221 | 1200×2100 | 1 | | 6 | | 7 | 钢制<br>防火门 | 购成品<br>(经消防<br>部门认定) |
| | 3 | FM乙1021 | 1000×2100 | 8 | | 112 | | 120 | | |
| | 4 | FM乙1121 | 1100×2100 | | | 42 | 3 | 45 | | |
| | 5 | FM乙1221 | 1200×2100 | 3 | | | | 3 | | |
| | 6 | FM丙1018 | 1000×1800 | 6 | | 84 | | 90 | | |
| 外门 | 7 | WM0823 | 800×2300 | 2 | | 28 | | 30 | 保温门<br>三玻铝<br>氟碳门 | 购成品<br>(形式见详图) |
| | 8 | WM1523 | 800×2300 | 3 | | | | 3 | | |
| 内门 | 9 | NM0821 | 800×2100 | 8 | | 112 | | 120 | 内木门 | 用户自理 |
| | 10 | NM0921 | 900×2100 | 16 | | 224 | | 240 | | |
| 外窗 | 11 | C0814 | 800×1400 | 3 | | | | 3 | 单框<br>三玻<br>塑钢窗 | 购成品<br>(形式见详图) |
| | 12 | C1212 | 1200×1200 | | | 6 | | 6 | | |
| | 13 | C1014 | 1000×1400 | 3 | | | | 3 | | |
| | 14 | C1214 | 1200×1400 | | | 39 | 3 | 42 | | |
| | 15 | C1514 | 1500×1400 | 4 | | 56 | | 60 | | |
| | 16 | C1217 | 1200×1700 | 1 | | 14 | | 15 | | |
| | 17 | C1517 | 1500×1700 | 4 | | 56 | | 60 | | |
| 门联窗 | 18 | C1817 | 1800×1700 | 7 | | 98 | | 105 | 单框三玻<br>塑钢窗<br>(保温<br>阳台门) | 购成品<br>(形式见详图) |
| | 19 | MC1223 | 1200×2300 | 5 | | 70 | | 75 | | |
| | 20 | MC1523 | 1500×2300 | 1 | | 14 | | 15 | | |
| 阳台窗 | 21 | MC2423 | 2400×2300 | 4 | | 56 | | 60 | 单框<br>三玻<br>塑钢窗 | 购成品<br>(形式<br>见详图) |
| | 22 | YTC1013 | 1000×1300 | 6 | | 84 | | 90 | | |
| | 23 | YTC1313 | 1300×1300 | 2 | | 28 | | 30 | | |
| | 24 | YTC1613 | 1600×1300 | 2 | | 28 | | 30 | | |
| | 25 | YTC1913 | 1900×1300 | 1 | | 14 | | 15 | | |
| | 26 | YTC2213 | 2200×1300 | 1 | | 14 | | 15 | | |
| | 27 | YTC1117 | 1100×1700 | 10 | | 140 | | 150 | | |
| | 28 | YTC2017 | 2000×1700 | 1 | | 14 | | 15 | | |
| | 29 | YTC2317 | 2300×1700 | 1 | | 14 | | 15 | | |
| | 30 | YTC3517 | 3500×1700 | 3 | | 42 | | 45 | | |
| | 31 | YTC3817 | 3800×1700 | 1 | | 14 | | 15 | | |

注：核实数量后加工。

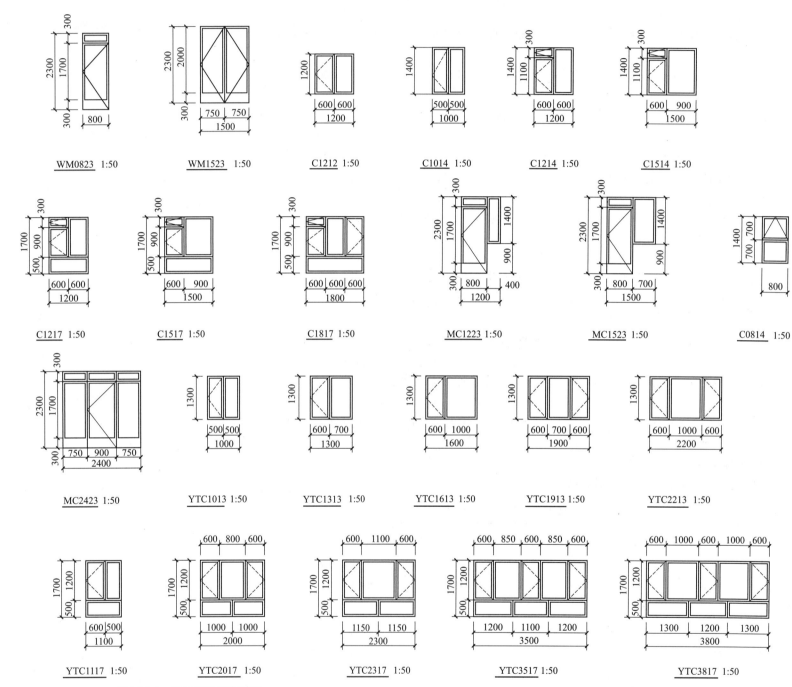

图 10-11　门窗表及门窗详图

图 10-11 识读要点：（1）通过门窗统计表可得知门和窗的尺寸及工程中每种门窗的数量、具体施工做法选用的图集。

（2）通过门窗详图可以得知门窗的宽度、高度以及细节部分的具体尺寸。

## 二十、门窗详图工程量计算及套价

### 1. 工程量计算（抽取图 10-11 中门窗详图进行计算）

WM0823 工程量＝0.800×2.300×30＝55.2（m²）

计算解析：0.800m 为门的宽度；2.300m 为门的高度；30 为门在统计表中的个数。

WM1523 工程量＝1.500×2.300×5＝17.25（m²）

计算解析：1.500m 为门的宽度；2.300m 为门的高度；5 为门在统计表中的个数。

NM0821 工程量＝0.800×2.100×120＝201.6（m²）

计算解析：0.800m 为门的宽度；2.100m 为门的高度；120 为门在统计表中的个数。

NM0921 工程量＝0.900×2.100×240＝453.6（m²）

计算解析：0.900m 为门的宽度；2.100m 为门的高度；240 为门在统计表中的个数。

C1212 工程量＝1.200×1.200×6＝8.64（m²）

计算解析：1.200m 为窗的宽度；1.200 为窗的高度；6 为门在统计表中的个数。

C1517 工程量＝1.500×1.700×56＝142.8（m²）

计算解析：1.500m 为窗的宽度；1.700m 为窗的高度；56 为窗在统计表中的个数。

C0814 工程量＝0.800×1.400×3＝3.36（m²）

计算解析：0.800m 为窗的宽度；1.400m 为窗的高度；3 为门在统计表中的个数。

C1014 工程量＝1.000×1.400×3＝4.2（m²）

计算解析：1.000m 为窗的宽度；1.400m 为窗的高度；3 为窗在统计表中的个数。

C1214 工程量＝1.200×1.400×42＝70.56（m²）

计算解析：1.200m 为窗的宽度；1.400m 为窗的高度；42 为窗在统计表中的个数。

C1817 工程量＝1.800×1.700×150＝459（m²）

计算解析：1.700m 为窗的宽度；1.800m 为窗的高度；150 为窗在统计表中的个数。

C1217 工程量＝1.200×1.700×15＝30.6（m²）

计算解析：1.200m 为窗的宽度；1.700m 为窗的高度；15 为窗在统计表中的个数。

C1514 工程量＝1.500×1.400×60＝126（m²）

计算解析：1.500m 为窗的宽度；1.400m 为窗的高度；60 为窗在统计表中的个数。

MC2423 工程量＝2.400×2.300×56＝309.12（m²）

计算解析：2.400 为窗的宽度；2.300 为窗的高度；56 为窗在统计表中的个数。

YTC1117 工程量＝1.100×1.700×150＝280.5（m²）

计算解析：1.100 为窗的宽度；1.700 为窗的高度；150 为窗在统计表中的个数。

### 2. 工程量套价

把图 10-11 工程量计算得出的数据代入表 10-9 中，即可得到该部分工程量的价格。

**表 10-9　门窗工程计价表**

| 序号 | 项目编码 | 名称 | 项目特征描述(洞口尺寸)/mm | 计量单位 | 工程量 | 综合单价 | 合价 | 其中<br>暂估价 |
|---|---|---|---|---|---|---|---|---|
| 1 | 010807001001 | WM0823 | 800×2300 | 樘 | 30 | 1800 | 54000 | |
| 2 | 010807001002 | WM1523 | 1500×2300 | 樘 | 5 | 2400 | 12000 | |
| 3 | 010807001003 | NM0821 | 800×2100 | 樘 | 120 | 1650 | 19800 | |
| 4 | 010807001004 | NM0921 | 900×2100 | 樘 | 240 | 1700 | 40800 | |
| 5 | 010802003001 | C1212 | 1200×1200 | 樘 | 6 | 800 | 4800 | |
| 6 | 010802003002 | C1517 | 1500×1700 | 樘 | 56 | 900 | 50400 | |
| 7 | 010802003005 | C0814 | 800×1400 | 樘 | 3 | 650 | 1950 | |
| 8 | 010802003006 | C1014 | 1000×1400 | 樘 | 3 | 700 | 2100 | |
| 9 | 010802003007 | C1214 | 1200×1400 | 樘 | 42 | 750 | 31500 | |
| 10 | 010802003008 | C1817 | 1800×1700 | 樘 | 150 | 1500 | 22500 | |
| 11 | 010802003009 | C1217 | 1200×1700 | 樘 | 15 | 1250 | 18750 | |
| 12 | 0108020030010 | C1514 | 1500×1400 | 樘 | 60 | 1400 | 84000 | |
| 13 | 010802003003 | MC2423 | 2400×2300 | 樘 | 56 | 1200 | 67200 | — |
| 14 | 010802003004 | YTC1117 | 1100×1700 | 樘 | 150 | 1000 | 150000 | — |

注：1. 表中的工程量是根据图 10-11 中工程量计算得出的数据。

2. 表中的综合单价是根据 2010 年《黑龙江省建设工程计价依据》得出的，在计算过程中可根据该工程所使用的定额计算出综合单价。